Google アナリティクス **4**

やるべきことがわかる本

株式会社プリンシプル

フルファネル戦略時代の新常識
～これからの解析・改善のすべて

# はじめに

　多数あるGoogleアナリティクス4（GA4）関連の書籍の中から、本書を手にとっていただき、誠にありがとうございます。本書は、主に次の2つの目的を持つマーケターの方を対象としています。1つ目はウェブのパフォーマンスの改善です。つまり、合理的な施策を立案し、それら施策の効果検証を繰り返すことで最適化し、もっと多くのコンバージョンの獲得、もっと効率の良いコンバージョンの獲得を実現したいという目的です。もう1つの目的は、既存顧客のLTVの増加です。つまり、自社の既存顧客のウェブ利用の行動を分析し、適切な顧客に、適切なタイミングで、適切なオファーを行うことにより、顧客のLTVを増加させたいという目的です。

　そして本書は、そうした目的をもったマーケターが、GA4を操作して「やるべきこと」をまとめた書籍になっています。特徴は以下の3つです。

● GA4を操作して「やるべきこと」は利用者の習熟度合いによって変わるため、レベルに合わせて学べるように「初心者でもやるべきこと」と「中級者以上がやるべきこと」を前後半に分けて記述しています。
● 本書には株式会社プリンシプルに所属する4人の著者がいます。2名が解析コンサルタント、2名が解析エンジニアです。解析コンサルタントとエンジニアの共著というのは類書でも珍しく、分析とタグ実装・カスタマイズのバランスが良い書籍になっています。
● 著者4人の所属する株式会社プリンシプルは、顧客企業にウェブ解析コンサルティングや、GA4実装、カスタマイズを提供する企業です。そのため、内容が実践的で、マーケターのやりたいことが的確に網羅されています。

　本書でGA4を学んだマーケターの方が、目的を実現され、マーケティングで企業の成長に貢献されることをお祈りしております。

2023年5月
木田和廣、山田良太、似田貝亮介、村松沙和子

1

2

3

4

5

6

7

8

9

本書の読み方

　旧バージョンであるユニバーサルアナリティクスから、Googleアナリティクス4（GA4）は大きく変化しています。また、変化が大きいだけではなく、利用者にとって理解するべき内容が増え、結果として、活用することが難しくなっているのは事実です。一方で機能が強化され、レポートテンプレートが増え、ユニバーサルアナリティクスでは難しかった分析が可能になっています。

　例えば、セッション軸での分析に基づく購買ファネルのボトムにいるユーザーからのコンバージョンを最適化だけではなく、ユーザーを軸として、認知獲得、エンゲージメント増加、アクションという購買ファネルのあらゆるフェーズに対する施策を実施するフルファネル戦略についての分析ができるようになっています。

　そうした、ツールとしての「難解化」と「機能強化」に対応し、目的とする「ウェブのパフォーマンスを改善する」ことを実現するため、以下を念頭に本書をご活用ください。

本書の構成

　本書では、読者の方のGoogleアナリティクス4（GA4）への習熟度合いに合わせ、大きく次の2つのカテゴリに分けて、GA4の基礎知識と、GA4を活用したマーケティングのパフォーマンス改善に役立つ知識をお伝えします。

- **初めてGA4を導入する方や、ユニバーサルアナリティクス（UA）から乗り換えたばかりの方**
  Chapter1～4をご利用ください。これらのChapterでは、GA4の概要とUAとの違い、導入方法からレポートの基本まで、業務上でGA4を利用するマーケターの方が最低限おさえておくべき内容を網羅しました。まずはこの範囲の知識を身につけることでGA4を利用し「サイトで何が起きているのか」が理解できるようになります。

- GA4の基本的な原理やレポート操作には習熟し、パフォーマンス改善を実現したい方

  Chapter5～9をご利用ください。Chapter5～8では、「ユーザーを理解する」「ユーザー行動を理解する」「集客施策を測定し改善する」「コンテンツの有効性を評価する」など、テーマを定めてGA4を活用するノウハウを紹介しています。Chapter9では、サイトのタイプに合わせて必要となるであろう追加設定について紹介しています。追加的にデータを取得すれば、それに応じた深い分析ができるようになります。

対象読者

　本書の対象読者は、ユーザー獲得やコンテンツ改善等の取り組みを通じた「ウェブサイトのパフォーマンス改善」をミッションとしている企業内デジタルマーケターの責任者、そして担当者の皆さんです（アプリについては本書では触れません）。デジタルマーケティングの責任者の方には、Chapter1「概要」とChapter2「パフォーマンス改善の基本」を通じて、自社でどのようにGA4を利用するべきかについて、俯瞰的な視点を得られます。担当者の皆さんは、それに加え、Chapter3以降で実務に使える実践的な知識とテクニックを身に着けられます。

　また、本書はGA4を初めて導入する方やUAから乗り換えたばかりでGA4には初めて触れる方でも順を追って理解できる構成にしています。つまり、現在、知識がまったくない読者の方でも理解できます。同時に、GA4の基本的な操作やディメンション、指標等の基本を理解した担当者の方には、パフォーマンス改善を実現するための実践的な設定やノウハウも紹介しています。喫緊の課題をお持ちの方は、目次から直接、Chapter5以降の該当の節を読むと、短時間で答えやヒントが得られます。

　ぜひ、本書でGA4の知識を身につけ、業務に活用してください。

CONTENTS

Chapter 5
ユーザーを理解する

Chapter 6
ユーザー行動を理解する

Chapter 7
集客施策を測定し改善する

Chapter 8
コンテンツの有効性を評価する

Chapter 9

サイトごとの追加設定 ·· 227

本書内容に関するお問い合わせについて

本書に関する正誤表、ご質問については、下記のWebページをご参照ください。

　正誤表　　　　　　https://www.shoeisha.co.jp/book/errata/
　刊行物Q&A　　　　https://www.shoeisha.co.jp/book/qa/

インターネットをご利用でない場合は、FAXまたは郵便にて、下記にお問い合わせください。

電話でのご質問は、お受けしておりません。

〒160-0006　東京都新宿区舟町5　㈱翔泳社 愛読者サービスセンター係
FAX番号 03-5362-3818

※ 本書に記載されたURL等は予告なく変更される場合があります。

※ 本書の出版にあたっては正確な記述につとめましたが、著者や出版社などのいずれも、本書の内容に対してなんらかの保証をするものではなく、内容やサンプルに基づくいかなる運用結果に関してもいっさいの責任を負いません。

※ 本書に掲載されているサンプルプログラムやスクリプト、および実行結果を記した画面イメージなどは、特定の設定に基づいた環境にて再現される一例です。

※ 本書に記載されている会社名、製品名、サービス名はそれぞれ各社の商標および登録商標です。

Chapter 1

概要

GA4 は旧バージョンとなるユニバーサルアナリティクス（UA）といろいろな点で大きく違っているため、GA4 を上手く活用するためには従来とは違った利用法や姿勢が求められます。本章では、UA との違いに着目して GA4 の概要を見ていきます。

1
2
3
4
5
6
7
8
9

01

01

ユニバーサルアナリティクスとの違い

● ユーザー行動をより精緻に取得

ユニバーサルアナリティクス（以下UA）では、カスタマイズすればページのスクロールやファイルのダウンロードも取得できましたが、デフォルトでは取得できるユーザー行動の最小単位はページの表示（ページビュー）にとどまっていました。

一方で、GA4はページ上の動きをより詳細にトラッキングできるツールに進化しました。デフォルトでページの表示だけではなく、ページ上での次のようなユーザー行動も取得可能です。

1. 90%スクロールの完了
2. 離脱クリック（外部サイトへの遷移リンクのクリック）
3. サイト内検索
4. 動画エンゲージメント（サイトに埋め込んであるYouTube動画の再生開始、進捗、再生完了）
5. フォームの操作
6. ファイルのダウンロード

> **MEMO**
>
> ここでは、Google タグマネージャー経由で追加的なタグ投入を行わずにトラッキングできる範囲をデフォルトと表現しています。より正確な表現をすれば、自動収集イベントと拡張計測イベントのことです。

● データモデルがイベントとパラメータに変更

UAはデータモデル（データを保持する構造）もシンプルでしたが、GA4では前述のユーザーの精緻な行動を取得するため、データモデルに「イベントとパラメータ」が採用されています。

例えば、ユーザーがページを表示した際には、「page_view」というイベントがGA4に記録されます。その際、発生した「page_view」イベントの属性が、次のようなパラメータとして付帯され、記録されます。

page_viewイベントに付与されるパラメータ（一部）

パラメータ名	内容	値の例
page_title	ページタイトル	プリンシプル トップページ
page_location	ページのフルパス	https://www.principle-c.com/
ga_session_id	セッション識別子	1661393778
ga_session_number	訪問回数	1：初回訪問 2：2回目の訪問

page_viewイベントに付与されるパラメータ（一部）

パラメータ名	内容	値の例
page_referrer	ページリファラー（直前ページ）	https://www.google.co.jp

　実際に、このイベントとパラメータがどのように記録されているのかを確認してみましょう。次の例が、BigQueryにエクスポートされた「page_view」イベントです。event_nameの列が「page_view」となっており、赤枠が「page_view」イベントに付帯したパラメータです。発生したページビューに対して、上の表で示したような詳細な属性を保持していることがわかります。

MEMO

BigQuery は、Google社が提供するクラウド上のデータベースです。設定によりGA4のデータをエクスポートできます。

event_date	event_timestamp	event_name	event_params.key	event_params.value.string_value	event_params.value.int_value
20210131	161206951...	page_view	gclid	null	null
			gclsrc	null	null
			debug_mode	null	1
			ga_session_number	null	1
			all_data	null	null
			page_location	https://shop.googlemerchandisestore.com/	null
			entrances	null	1
			session_engaged	0	null
			ga_session_id	null	661084800
			clean_event	gtm.js	null
			engaged_session_event	null	1
			page_title	Home	null

　データモデルの概念は少し難しいですが、このデータ構造を理解していないとGA4のレポートを適切に利用できずに意図しないデータが導き出されてしまうこともあります。GA4では、このデータ構造を踏まえて活用していく必要があるので押さえておきましょう。

◯ 機械学習テクノロジー活用の拡大

　GA4では、機械学習のテクノロジーが利用されており、UAと比べてその活用範囲は大幅に広がっています。GA4において主だった機械学習を活用した機能について紹介します。

予測指標に基づくセグメント

　探索配下で作成できるセグメントの中には、機械学習が予測した値に基づき、次のようなユーザーセグメントを作成できます。

- 7日以内に離脱する可能性が高い既存顧客
- 7日以内に離脱する可能性が高いユーザー
- 7日以内に購入する可能性が高い既存顧客
- 7日以内に初回の購入を行う可能性が高いユーザー
- 28日以内に利用額上位になると予測されるユーザー

このユーザー指標に基づくセグメントは、GA4レポート上で分析のセグメントとして利用する以外に、Google広告のターゲティングに連携して集客施策にも応用できます。

予測オーディエンス

https://support.google.com/analytics/answer/9805833?hl=ja&ref_topic=9303474

アナリティクス インサイト

GA4では、機械学習に基づく予測値と実測値が乖離した場合、何か大きな変動が起きているとして、ユーザーに通知する機能があり、アナリティクス インサイトと呼ばれます。日々忙しい担当者もアナリティクス インサイトを確認することで、ウェブサイトに起こった変化を効率よく追いかけられます。

アナリティクス インサイト

https://support.google.com/analytics/answer/9443595?hl=ja

異常検出

探索配下の自由形式レポートで表示方法を折れ線グラフにすると、特定の指標について、異常検出機能を有効にできます。この異常検出は厳密には機械学習ではなく統計的推測に基づいていますが、UAにはなかった機能です。

9日に表示されている「◎」にマウスオーバーすると次の画面になります。この画面からは、アクティブユーザーの予想値が3,045人だったのに対し、実績値がそれより34.9%多い4,109人であったことを読み取れます。こうした異常検知があった場合には、レポートにディメンションを追加したり、セグメントやフィルタを適用したりして、異常をもたらした原因を探れます。

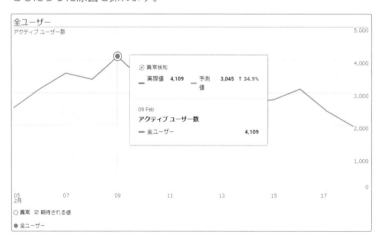

異常検出

https://support.google.com/analytics/answer/9517187?hl=ja

欠落データの推定

デバイス間のユーザー遷移でユーザーを一意に特定できない場合に機械学習のモデリングを利用して推定コンバージョンを計算したり、同意モード（ユーザーから利用してよいCookieの範囲について同意を得た範囲でトラッキングをするモード）の実装により影響を受けたユーザー数の欠落を機械学習のモデリングを利用して推測したり、様々な要因で欠落してしまうデータを機械学習機能が補完してくれます。

推定コンバージョンについて

https://support.google.com/analytics/answer/10710245?hl=ja

同意モードの行動モデリング

https://support.google.com/analytics/answer/11161109?hl=ja

● ユーザー識別手法の精緻化

UAでは原則的にユーザー識別はCookieによるものでした。したがって、同一ユーザーがPCとスマートフォンの両デバイスから同一サイトを訪問した場合にはGoogleアナリティクスは2ユーザーと認識せざるを得ませんでした。

一方、GA4では、①ユーザーのログインID（ECサイトの会員IDなど）、②Googleシグナル、③Cookieの3種類のユーザー識別方法を利用しています。ユーザー識別の確度は①＞②＞③の順に高くなります。プロパティ設定の「レポート用識別子」から、次の画像の「ハイブリッド」あるいは「計測データ」を選択すると、最も確度が高いものから順に利用してユーザーを識別します。

Googleシグナルとは、（a）Googleアカウントにログインしていて、（b）広告のカスタマイズをオンにしているユーザーを対象に、Googleアカウントでユーザーを識別する仕組みです。UAでもGoogleシグナルに基づき、GAリマーケティングやユーザー属性とインタレストレポートなどの一部の機能やレポートを提供していましたが、GA4になって、Googleシグナルをユーザー識別に利用したところに違いがあります。

世界的なユーザーのプライバシー保護機運の高まりに対応し、ユーザー識別を、Cookieによってのみ行っていたUAに対して、Cookieに依存しないユーザー識別方法が提供されるようになりました。

アドホック分析機能・探索レポートの充実

　定点的にモニタリングをする用途ではなく、課題の原因を探ったり、改善施策の仮説を立てたりといった、その時々の目的に対して都度実施する分析のことをアドホック分析と呼びます。UAではアドホック分析は「カスタムレポート」が担っていましたが、カスタムレポートは基本的に「表形式」のレポートであり、それ以外のレポートテンプレートはありませんでした。

　一方、GA4は、探索レポートと呼ばれる機能で、表形式はもちろんのこと次のようなレポートテンプレートを提供しており、アドホック分析の幅は格段に広がっています。

探索配下で提供されるレポートテンプレート

- ●自由形式（＝表形式）
- ●目標到達プロセスデータ探索
- ●セグメントの重複
- ●経路データ探索
- ●コホート分析
- ●ユーザーのライフタイム
- ●ユーザーエクスプローラ

Google BigQueryへのデータエクスポート

　無償版のGoogle アナリティクスでは、製品が最初にローンチされた2005年以来ずっとサポートされていなかったBigQueryへのデータエクスポートがサポートされるようになりました。しかも、データエクスポート自体は無料です（別途、BigQueryの利用料金は発生します）。次の画像はプロパティ設定の「BigQueryのリンク」から、GA4のデータをBigQueryにエクスポートする設定画面です。多数の設定項目があるように見えますが、実際にはエクスポート先のBigQueryのプロパティと、エクスポートの頻度を指定するだけです。

BigQuery を活用することで、次のようなメリットを享受できます。

探索レポートを超えた分析

GA4の探索レポートはUAに比べて大幅に機能拡充されていますが、それでもできない分析はあります。そのような場合には、BigQuery上のデータをSQLで集計する、あるいは、SQLで整形したデータをBIツールに取り込み、BIツールで深掘りした分析ができます。

GA4のレポートの検証

GA4レポート上の数値とBigQueryにエクスポートしたデータは厳密には同じではない場合もありますが、レポートの値の定義を公式ヘルプの情報を鵜呑みにするのではなく、自分で確認したい場合にBigQuery上のデータを利用できます。

外部データとの統合

BigQueryにエクスポートしたGA4データと、CRMデータやオフラインの行動履歴といった外部データをBIツールに取り込み、会員ID等の共通キーを軸にデータを結合することで、GA4と外部データを組み合わせた分析が可能になります。

Google Cloud のその他のプロダクトとの連携

Google社がGoogle Cloudとして提供するその他のプロダクトとの連携が可能となります。例えば、機械学習で「分類」や「予測」を行うサービスとしてBigQuery MLがあります。BigQueryにデータがエクスポートされることにより、データの移行を必要とせずに、整形、機械学習エンジンへのデータの投入、結果の取得ができます。

このようにBigQueryを利用することでGA4データの活用の幅が広がる一方で、利用の際にはSQL言語を使ってデータベースを操作する必要があります。SQLが使えるエンジニアが社内にいない場合には活用のハードルは高いため、そういった際にはGA4活用を専門とした支援会社に相談ください。

02

GA4で可視化するべき
フルファネル戦略

　Google がUA の利用期限を2023年6月末と発表することでGA4への全面移行を促す背景の1つは、「ユーザーがコンバージョンを起こすまでの経路が多様化し、複雑化している」からに他なりません。では、ユーザーの行動が比較的単純だった時代のパフォーマンス最適化ツールであったUAは何を最適化していたのか、ユーザーが利用する経路が複雑化しているというのは具体的にはどういうことか、ユーザー行動が複雑化した時代のGA4はどのように利用するべきかを順に見ていきましょう。

○ セッションを最適化対象としていたUA

　UAはセッションの最適化をするツールでした。セッション最適化とは、「質の高いセッション（＝コンバージョン率の高いセグメントからのセッション）を見つけて、それを増やす」「コンバージョンしないセッションのボトルネックを発見して、それをつぶす」というマーケティング上の行動です。

　ご自身でセッションの最適化をしているという認識のないマーケターも多いかもしれませんが、次のような施策については熟知している、あるいは実行したことがあるはずです。

- Facebook に広告を出したが、コンバージョン率が非常に低かったので中止した。
- 自然検索から訪問したセッションのコンバージョン率が高いので更に自然検索からのセッションを増やすためにSEOを強化した。
- 広告AとBでは、広告Aのほうがコンバージョン率は高かったので、広告Aのキャンペーンの予算を増額した。
- 直帰率が高いので、LPO（Landing Page Optimization、ランディングページの最適化）に取り組んだ。
- フォームの完遂率が悪いので、EFO（Entry Form Optimization、エントリーフォームの最適化）に取り組んだ。

　これらの施策は全てセッション最適化の施策です。コンバージョン率の高いセグメントからのセッションを見つけて、それを増やす。そのセッションのコンバージョンを阻害するような要因を見つけて、それを除去する。これらは全てセッションベースの考え方です。

○ ユーザーが利用する経路の複雑化

　ユーザーがコンバージョンするまでの経路が複雑化するとは、ユーザーが1回の、あるいは1種類の経路の利用ではコンバージョンせず、複数回の、種類の異なる経路を利用してからコンバージョンするということです。次の通り具体的な例をあげています。多少の

誇張はありますが、自身の購買行動を振り返っても、それほど珍しい行動ではなくなっています。

1. TVCM である製品を知って気になっていたところ、喫茶店で休憩中にタブレットでネットサーフィンをしていたら、そのブランドの広告が出てきたのでクリックし、ブランドサイトを訪問。気になる製品の概要を閲覧した（購入しない）。
2. 休日に自宅 PC で作業をしているときに、その製品の最安値を知りたたくなり、価格比較サイトを訪問して値段をチェックした。価格比較サイトにはブランドサイトで期間限定でクーポンを提供するという情報があったので、そのリンクをクリックしてブランドサイトを訪問し、とりあえずクーポンを入手した（購入しない）。
3. 翌日、クーポンの期限を再確認したくなり、通勤途中に手元のスマートフォンで自然検索し、ブランドサイトを訪問して有効期限が1週間後であることを確認した（購入しない）。
4. 次の月曜日、会社への通勤途中に Facebook を見ていたら友人がその商品を買ったという情報とともに、購入した製品についてのリンクを投稿していた。信頼できる友人だったので、先日獲得したクーポンを利用して購入した。

マーケティング上、ユーザーが購入というアクションを起こすまでには特定のステップを踏むという考え方は以前からあり、一般的に「購入ファネル」と呼ばれています。代表的な購入ファネルとしては AISAS があります。このファネルでは、ユーザーは、Attention（注意）、Interest（関心）、Search（検索）を経て Action（行動）を起こすとされています。上記のユーザー行動の例を AISAS に当てはめると次の通りとなります（最後の S である Share（共有）は割愛しています）。

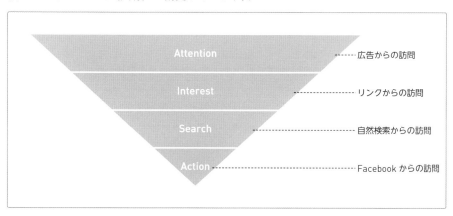

フルファネル戦略を実現するための GA4 の利用

全てのユーザーの行動が、これほどきれいに AISAS モデルに従うわけではありませんが、ユーザーが必ずしも、1回、1種類の経路を利用したサイト訪問でコンバージョンするわけではないということは理解できるでしょう。

UA でわかることは、このユーザーの購入は、Facebook からの参照セッションから発生したということです。では、この事業者は、Facebook からの参照セッションを増やせば、

購入が増え、事業が拡大するでしょうか。そうはならない可能性が高いでしょう。なぜなら、このユーザーはコンバージョンする前に、認知、関心、サーチのステップを既に経ており、Facebookで見た記事はコンバージョンのきっかけにすぎないと考えられるからです。つまり、認知、関心、サーチのステップを経ていないユーザーがFacebookの記事を見ても、必ずしも高い確率でコンバージョンするとは言えません。そうした「セッションが分断されている」時代に必要な戦略が「フルファネル戦略」です。

フルファネル戦略とは、マーケティングファネルのボトムにいるユーザー、つまり、購入意向の高まったユーザーからのセッションだけでなく、認知、関心、購入の各ステップで適切な施策を企画、実行する考え方を指します。

別の言い方をすれば、セッションのコンバージョン率を見るのではなく、「新規ユーザーの獲得」「関心の醸成」「購入の後押し」をユーザー単位で確認することにより、マーケティング全体を最適化していく考え方とも言えます。UAのセッション最適化とは「世界観」が大きく異なり、「コンバージョン率の高いセグメントのセッションを増やそう」といった単純な施策ではなく、セッションをまたがったユーザー行動の分析が必須となります。必然的に分析軸はセッションからユーザーに変わっていきます。

UAで主な分析対象となっていたセッションは、考えてみると非常に分析に都合のよい単位でした。デバイスカテゴリ、地域、参照元、メディア、キャンペーン、ランディングページ、離脱ページなどのディメンションが一意に決まり、セッション、ページ/セッション、セッションの滞在時間、コンバージョン率（セッションスコープ）などのセッションを評価する指標が充実していたからです。

一方、フルファネル戦略の「世界観」下では、マーケターが考えなければいけないことは次のようになっていくでしょう。

- 新規ユーザーを獲得したチャネルごとの、初回訪問日からXヵ月以内のLTVはいくらか
- 初回訪問を自然検索で獲得したユーザーで、購入日からYヵ月以内に購入をしたユーザーは何人いるか
- 商品Aの既購入者の中で、商品Bを追加購入してくれたユーザーが商品Bを認知したのはどのチャネル経由か
- どのような購入履歴や属性、サイト内行動をしたユーザーにクーポンを発行すれば、クーポン発行日からZ日以内のユーザー単位コンバージョン率が高まるか

そうした問いに答えながら、ユーザーの初回訪問獲得手法の最適解、初回訪問ユーザーをナーチャリングして購入まで導く手法の最適解を探していくということになります。また、例えば、初回訪問を自然検索から獲得したユーザーの中でも、地域やランディングページが異なれば、違ったニーズを持つユーザーということは十分にありえるため、更に細かいセグメントに分けて分析する必要があります。

03 フルファネル戦略を可視化する GA4の特徴

Chapter1の02ではGA4がフルファネル戦略を可視化するための装置であり、マーケターもフルファネル戦略下での最適解を見つけることが仕事になっていくだろうという説明をしました。その概念的な説明を補うべく、ここからは具体的にどのような機能を利用すれば、GA4でフルファネル戦略に基づいて獲得したユーザーの行動を可視化でき、マーケターとして最適解を見つけられるのかについて、機能面、レポート面に触れながら解説をします。解説する機能やレポートは次の通りです。

1. ユーザースコープのレポートの利用
2. ユーザーセグメントの作成
3. オーディエンスの作成
4. オーディエンストリガーの利用
5. 機械学習による予測指標の活用

◯ ユーザースコープのレポートの利用

GA4で登場したユーザースコープのレポートとして「ユーザー獲得」レポートがあります。このレポートではディメンションとして「ユーザーの最初の○○」があります。○○には、チャネル、メディア、参照元などが入ります。また、デフォルトチャネルグループだけは、「最初のユーザーのデフォルトチャネルグループ」という表記になっています。

同レポートでは「エンゲージのあったセッション数（1ユーザーあたり）」や「平均エンゲージメント時間」など、ユーザースコープの指標が利用できるようになっています。

結果として、初回訪問をどのような参照元、メディア、キャンペーンから獲得すれば、サイトを熱心に利用してくれるユーザーを多く獲得できるのかをマーケターが判断できます。

最初のユーザーのデフォルト チャネル グループ ▼ +		↓ 新規ユーザー数	エンゲージのあったセッション数	エンゲージメント率	エンゲージのあったセッション数（1ユーザーあたり）	平均エンゲージメント時間
		49,745 全体の 100%	76,282 全体の 100%	86.69% 平均との差 0%	1.28 平均との差 0%	1分 48 秒 平均との差 0%
1	Direct	18,378	33,274	80.74%	1.27	2分 13 秒
2	Organic Search	17,780	24,162	90.29%	1.26	1分 43 秒
3	Paid Search	5,958	8,133	97.95%	1.29	0分 13 秒
4	Cross-network	5,133	6,328	94.48%	1.19	1分 38 秒
5	Referral	1,820	2,642	93.39%	1.27	1分 33 秒
6	Organic Social	314	517	89.6%	1.31	2分 44 秒
7	Affiliates	132	194	90.23%	1.37	0分 46 秒
8	Organic Video	90	97	91.51%	1.05	1分 11 秒
9	Organic Shopping	83	122	91.04%	1.34	2分 09 秒
10	Display	47	179	97.81%	2.24	0分 09 秒

⬤ ユーザーセグメントの作成

　フルファネル戦略下でユーザー行動を可視化するにあたって「○○したことのあるユーザー」という条件でセグメントを作成し、その行動をしなかったユーザーと比較して知見を得ることは重要です。

　初期のMeta（当時の社名はFacebook）がユーザーを獲得するにあたって「アカウント作成後●日以内に▲人の友達とつながったユーザーのサービス利用継続率が高い」ということを発見し、あらゆるマーケティングリソースを「●日以内に▲人の友達とつながってもらう」ことに集中したという逸話があります。「○○したことのあるユーザー」をセグメントとして取り出し、分析することは、このFacebookがとったアプローチを自社サイトで実施するということです。

　例えば、リード獲得をコンバージョンとして設定しているサイトが、コンテンツマーケティングの一環としてブログを積極的に公開している、という例でユーザーセグメントとオーディエンスの利用例を考えてみましょう。そのサイトでは、ブログに対する初回訪問ユーザーが多かったとします。その場合、ブログ記事の閲覧を通じて会社名の認知は得られたかもしれないが、リードになってくれるためには、自社が提供するサービスについての認知が必要と考えるのが妥当でしょう。ブログ閲覧は社名認知の第一ステップであって、問い合わせ等を通じてリードになってもらうためには、どのようなサービスを提供する会社なのかについても認知を得る必要があるということです。その場合、「ブログ記事をランディングページとした初回訪問」に続いて、「早い時期に自社が提供するサービスを認知してもらう」がフルファネル上の次のステップということになります。

　その場合、どのようなブログ記事に初回訪問でランディングしたユーザーがより多くファネルを下ってくれるのかがわかれば、ブログ記事のテーマ選定を変えることで、ファネルを下ってくれるユーザを増やせるはずです。

　そこでGA4の「ユーザーセグメント」を利用すると「2回目訪問、あるいは3回目訪問で自社が提供するサービスを紹介するページを閲覧したユーザー」を作成できます。結果、模式図的には、以下のような可視化が可能になります。

初回訪問でランディングしたブログ記事	ユーザー数（A）	2回目訪問、あるいは3回目訪問で自社が提供するサービスを紹介するページを閲覧したユーザー（B）	ファネルを一段下ったユーザーの割合（B）÷（A）
ブログ記事A	3000	100	3%
ブログ記事B	2500	500	20%
ブログ記事C	1500	100	6%

　仮に、ブログ記事Aが「GA4の細かなテクニックを紹介する記事」といったミクロな視点の内容、ブログ記事Bが「GA4の登場により、企業のウェブ解析がどう変化していくのか？」といったマクロな視点に立った内容だとすると、この会社ではブログ記事のテーマとして、よりマクロな内容を選定したほうが望ましい結果が得やすいということになります。つまりユーザーセグメントの利用によりコンテンツの最適化を進めることができます。

フルファネル戦略を可視化するGA4の特徴

オーディエンスの作成

　また、購入ファネル上のある段階にいると考えられるユーザー群に、ファネルを下りコンバージョンに近づいてもらうためのアクションを起こすための機能として「オーディエンス」があります。オーディエンスは、前述のユーザーセグメントのオプションとして、あるいは、セグメントとは別に「オーディエンスビルダー」を利用して作成できます。「オーディエンス」とは、条件に合致したユーザーに目印をつけることです。例えば、上記で作成したユーザーセグメント「2回目訪問、あるいは3回目訪問で自社が提供するサービスを紹介するページを閲覧したユーザー」を「オーディエンス」にできます。Google広告とリンクすれば、オーディエンス化したユーザーは、広告のターゲティングに利用できます。Google広告を通じて、オーディエンスとなったユーザーに対して、自社をよりよく知ってもらうために、自社が主催するセミナーの告知を行うことは有効です。つまり、オーディエンスの利用によって、ユーザーにファネルを下ってくれるよう促す、というフルファネルのアプローチが可能になるということです。

　次の画面は「オーディエンスビルダー」（「プロパティ設定」＞「オーディエンス」）で「2あるいは3回目訪問でページタイトルに"サービス"を含むページを閲覧したユーザー」というオーディエンスを作成している画面です。

　また、作成したオーディエンスはGoogle広告のターゲティングに利用できるだけでなく、GA4の探索レポートで、以下を確認できます。

- ●同オーディエンスの増減状況
- ●同オーディエンスのコンバージョン状況

オーディエンストリガーの利用

　「2回目訪問、あるいは3回目訪問でサービス紹介ページを閲覧したユーザー」が、新規ユーザーの獲得の次のファネルステップであれば、その条件に合致するユーザーがどのくらい発生しているのかがKPIの1つとなります。

　KPIであれば、可視化し定量的に測定すべきです。そのようなときに利用できるのが「オーディエンストリガー」を利用したカスタムイベントの収集です。「オーディエンストリガー」とはユーザーが条件に該当する行動を行い、オーディエンスに1ユーザーが追加された場合に新規にイベントを発生させる機能です。上記の例で言えば、ユーザーが「2回目訪問、

あるいは3回目訪問で自社が提供するサービスを紹介するページを閲覧したとき」をトリガーとして新規にイベントを発生させることができます。

　次の画面は、オーディエンストリガーの作成画面です。このトリガーが発動すると、first_funnel_clearというイベントがGA4に記録されます。

機械学習による予測指標の活用

　先に触れた通り、GA4で実装された予測指標に基づくユーザーセグメントの機能を使うと「7日以内に初回の購入を行う可能性が高いユーザー」といった、人間では抽出できないユーザーセグメントが作成できます。

　ファネルの最終段階として、購入を促したい場合、この機能を利用してみるのは一案です。一方、このユーザーセグメントを利用するには直近の7日間でpurchaseイベントを送信したユーザー、送信しなかったユーザーそれぞれ1000人必要です。これは機械学習に十分な量の「教師データ」を与えるためです。

　次の画面は、教師データが十分蓄積され予測指標に基づくユーザーセグメントがオーディエンスとして利用できる状態のデモアカウント（Chapter1-04参照）です。

　一方、多くのサイトではそのしきい値が超えられず、同機能が利用できない場合も多いはずです。その場合は、BigQueryのデータを利用することになりますが、初回コンバージョン日から7日前の行動を抽出し、特定の参照元/メディアからの訪問、特定ページの閲覧、大量のページビューなどがないかを観察し、自力で「そろそろ初回コンバージョンしそうなユーザーの振る舞い」を発見する必要があるでしょう。発見できたらGA4でユーザーセグメントを作成して、同セグメントの増減を確認したり、リマーケティング広告でクーポン等の購入決断を支援するオファーをするなどの施策が有効です。

04 デモアカウントの紹介

○ GA4デモアカウント

　ここまでGA4の概要を見てきましたが、次章からはGA4の基本的な使い方を紹介していきます。実際のGA4のレポート画面を確認しながら読み進めると理解が深まりやすいでしょう。

　学習時の教材として利用できるGA4のデモアカウントを紹介します。GA4のデモアカウントは「Google Merchandise Store」というGoogleのノベルティを販売するECサイトをGA4で計測しているもので、全てのユーザーが無料で利用できます。次の方法で、アクセス可能ですので、利用してください。

① 自身のGoogleアカウントにログインしたブラウザで、次の公式ヘルプページにアクセスする

② 同ページの「Google アナリティクス 4 プロパティ：Google Merchandise Store（ウェブデータ）」のリンクをクリックする

デモアカウントの追加

デモアカウントを追加するには、このセクションの最後にある 3 つのリンクのいずれかをクリックしてください。リンクをクリックした後の画面は、状況によって異なります。

・Google アカウントをすでにお持ちの場合は、ログインするよう求められます。

・Google アカウントをお持ちでない場合は、アカウントを作成してからログインするよう求められます。

下のリンクをクリックすると、Google アカウントに関する次の 2 つのアクションのいずれかが実行されることに同意したものとみなされます。

・すでに Google アナリティクス アカウントをお持ちの場合は、デモアカウントが Google アナリティクス アカウントに追加されます。

・Google アナリティクス アカウントをお持ちでない場合は、Google アカウントに関連付けられた Google アナリティクス アカウントが作成され、この新しいアナリティクス アカウントにデモアカウントが追加されます。

デモアカウントは、Google アナリティクスのアカウント選択ツール（組織とアカウントのリンク）に表示されます。

デモアカウントには、1 つの Google アカウントで作成できる Google アナリティクス アカウントの最大数の制限が適用され、デモアカウントも 1 アカウントとしてカウントされます。現在のところ、Google アナリティクスでの Google アナリティクス アカウントの最大数は、1 つの Google アカウントにつき 100 個です。

最初にアクセスしたいプロパティに基づいて、次のいずれかのリンクをクリックすることで、3 つのプロパティを含むデモアカウントにアクセスします。アカウント選択ツールを使って、いつでもその他のプロパティに変更できます。

・Google アナリティクス 4 プロパティ：Google Merchandise Store（ウェブデータ） ↗

・Google アナリティクス 4 プロパティ：Flood-It!（アプリとウェブのデータ） ↗

・ユニバーサル アナリティクス プロパティ：Google Merchandise Store（ウェブデータ） ↗

これらのプロパティに含まれるデータについて詳しくは、こちらのページをご覧ください。デモアカウントはいつでも削除できます。

デモアカウントの追加

https://support.google.com/analytics/answer/6367342?hl=ja

デモアカウントでは、管理画面からの設定は一切できませんが、標準レポートや探索レポートといった各レポートの操作は可能です。「画面やメニューに慣れる」、「トレーニングを行う」等の環境としては最適ですので、ぜひご自身のアカウントに紐づけてデモアカウントで、本書で紹介した内容を実際に実践してみてください。

デモアカウントの紐づけが完了すると、GA4- Google Merchandise Storeプロパティに紐づく次のレポートが表示可能になります。

COLUMN **GA4に関する知識を証明するには**

本書での学習を含め、GA4についての知識を獲得した後、その知識を対外的に証明する方法として資格取得があります。資格名は？「Google アナリティクス認定資格」といい、ユニバーサルアナリティクス時代の資格、GAIQ（Google Analytics Individual Certification）の後継の資格と考えることができます。受験料は無料、試験の概要は以下となっています。興味のある方は、Google Skillshopから受験が可能です。

● 制限時間は75分
● 選択問題が50問
● 80%以上の正解で取得可能

Chapter 2

パフォーマンス改善の基本

実際のマーケティングの現場からは、GA4 をどう活用していけばよいのか、何から始めればよいのかわからないといった声をよく聞きます。ここでは、自社のマーケティングにおいて、GA4 を具体的にどのように活用して成果につなげていけばよいのかイメージをつかんでいただくため、GA4 活用を軌道に乗せるまでのロードマップを事例も交えて紹介します。ぜひ、ご自身でも自社における GA4 活用の未来に当てはめながら読み進めてみてください。

01

GA4が実現する
ジャーニー最適化とは

● セッション軸からユーザー軸へ

GA4はセッション軸からユーザー軸へと変化したツールだと言われますが、この「○○軸」はそもそもどういったものでしょうか。これはデータのスコープ（データを捉える単位）を指しており、GA4には主に「ユーザー軸」「セッション軸」「イベント軸」の3つのスコープがあります。

「イベント軸」は最も細かい粒度でのデータの捉え方で、製品ページに来訪して、カート投入といったユーザーの一つひとつのサイト上での行動データになります。イベントレポートで確認できるユーザーの細かい行動データはイベント軸になります。

一方で、「セッション軸」はそれぞれの「来訪」単位でデータを捉えます。下図においては、サイトに2回の来訪があり、流入経路は広告、アプリのプッシュ通知からそれぞれ記録され、どちらも購入につながっているといった具合に訪問単位でデータを捉えます。「トラフィック獲得」レポートで確認できるセッションのデフォルトチャネルグループなどのディメンションや、セッションやエンゲージのあったセッション、エンゲージメント率などの指標はいずれもセッション軸のデータになります。

> **MEMO**
>
> その他、厳密には「アイテム軸」のスコープも存在します。「アイテム軸」はECサイトの計測でのみ利用する「商品」についてのデータを捉えるためのスコープですが、本節では詳細な説明を省略します。

最後に、「ユーザー軸」はユーザーのジャーニー全体に着目してデータを捉えます。例えば、次の図では、ある1人のユーザーが初回来訪時に広告から始めてサイトに来訪し、初回購入後にリピーターになりこれまで計2回購入しています。ユーザー獲得レポートで確認できる、初回来訪時の流入経路、ユーザーの平均LTVといったデータはユーザー軸のデータになります。

GA4は「イベント軸」「セッション軸」でデータを見ないというわけではありませんが、より大きな粒度となる「ユーザー軸」でデータを確認できるようになりました。

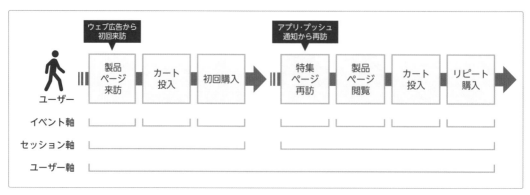

⬤ ユーザー軸でのジャーニー最適化

　ユーザー軸でのデータ活用は特にGA4に始まった概念ではありません。何年も前からマーケターの間では「顧客のジャーニー全体でデータを捉えてマーケティングに活かしていくべき」と言われてきました。今の時代、ユーザーの行動は単一デバイスでウェブサイトを利用するだけといった単純なものではなく、スマートフォンとタブレットといったデバイスを使い分けたり、ウェブサイトとアプリと併用したり、ウェブサイトやデバイスをまたぐ行動が普通になっています。また、マーケティングを中長期で成功に導くためには、一度コンバージョンして終わりではなく、ユーザーと継続的な関係性を築きライフタイム全体でコミットしてもらう必要があります。

　一方で、従来のGAでは施策ベースの部分最適化に適したセッション軸のデータを見るにとどまっていました。

　次の図は、ユーザーの振る舞いのモデルとUAでのレポート（セッション軸）のイメージです。ユーザーのジャニーを捉えるのではなく、セッションに分解し、セッションを評価していることがわかります。

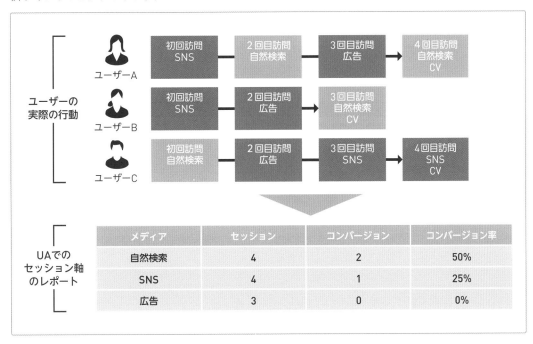

　一方のGA4はジャーニー全体を考えます。以下にユーザーの行動とGA4で改善を行う上での仮説検証の例をイメージとして提示します。

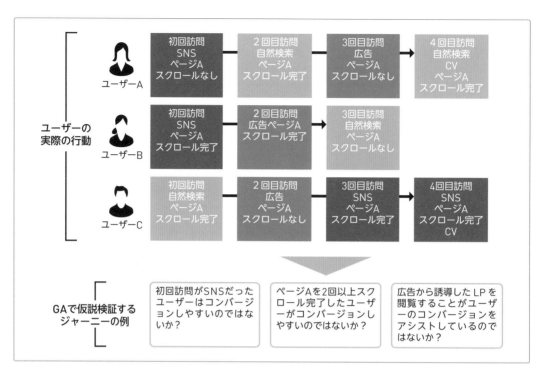

　ユーザーのジャーニー全体を可視化するためには、連携されていない複数のシステムからデータを取得する必要があり、ハードルがとても高い状況でした。

　そんな中、2020年になってGA4が正式リリースされました。GA4では、ウェブやアプリのクロスウェブサイトでユーザーを追いかけることができ、またユーザーのライフタイム全体を捉えられるレポート機能が充実しています。ようやく、一般のマーケティングの現場でユーザー軸での分析の実現が見えてきました。

　ユーザー軸のデータをもとに、サービスを利用するユーザーのジャーニー上の行動や心理への理解を深め、中長期でエンゲージメントを高めるためのPDCAを回していくという、本質的な取り組みに一歩近づいたと言えるでしょう。

　ぜひ皆さんも、そうしたGA4のコンセプトを理解した上で、GA4を最大限活用して自社の顧客のフルジャーニー最適化に挑戦していきましょう。

● GA4によるジャーニー改善の事例紹介

　ここで具体的な事例として、Googleマーケティングウェブサイトの公式ブログで紹介されたある非営利団体のGA4活用事例を紹介します。

　米国の食料問題を解決するために活動している非営利団体「412 Food Rescue」では、余った食料を食料不足に直面している人々に届けることで飢餓を減らすというミッションの実現のため、ウェブサイトや専用アプリを通じた新たなボランティア人員の確保が重要な課題でした。

　従来は、ウェブサイトとアプリの間でデータが分断されており、人々がオンライン上でどのようにボランティアに興味を持ち活動に加わってくれているかを把握するのが難しい状況でした。そこで、新たに登場したGA4を導入することにしました。

GA4を導入することで、ウェブとアプリのウェブサイト全体でデータをつなげて見ることができ、ユーザーのフルジャーニーを理解できるようになりました。

より多くのボランティアを集めるためには、「人々がどこで最初に412 Food Rescueを認知したか」が重要なポイントでした。GA4を確認することで、様々なウェブサイトやデバイスをまたがるユーザージャーニーの多くがどの接点から始まったのかを簡単に見つけられました。また、最初の接点からどのような時間軸で最終的にボランティアに申し込みしているかもわかりました。

その気づきをもとに、特定の認知施策や施策の実行タイミングを調整し、ユーザージャーニーを改善することで、結果的に、更に多くの人々に「412 Food Rescue」のボランティアに参画してもらえるようになったのです。

この事例は、Google公式ブログでリアルな動画とともに紹介されているので、ぜひ視聴してみてください。GA4を活用してユーザーのフルジャーニーを捉えられたことで、ジャーニーを改善する有効な施策を打つことができ、結果的により大きな成果を出せるようになったとてもよい事例です。

Google Analytics: 412 Food Rescue Case Study

https://www.blog.google/products/marketingplatform/analytics/412-food-rescue-cuts-reporting-time-new-google-analytics/

⬤ 機械学習の予測データをアクションにつなげる

Google社はGA4について「将来に向けて設計された新しい分析体験を提供する次世代のソリューションである」とうたっていますが、その真意にあるもう1つの重要なコンセプトは、Googleが開発してきた機械学習のテクノロジーを利用して、分析や予測した結果をマーケティングのアクションにつなげやすくすることです。

従来は、分析から得られた気づきを集客やサイト内改善といった施策に反映する作業は、担当者ベースで実施していました。どうしても人手や時間がかかり、担当者の能力に左右されてしまうところも大きくなっていました。

そこを機械学習が代替し、またGoogle広告をはじめとしたGoogleマーケティング・プラットフォームと連携することで、データ活用を半自動化しスピード感を持って施策に反映できるようになることを目指しています。

ここからは、具体的にGA4でどのように機械学習の技術が利用できるのか、本書執筆時点で実装されているのはどこまでで、将来に向けてどのような展望が期待できるのかを見ていきましょう。

> **MEMO**
>
> Google社も「将来に向けて設計された」と言及している通り、現時点でそういった仕組みが完全に実現されているわけではなく、今まさに進化の過程にあると言えます。

機械学習によるインサイト

先ほど紹介した「412 Food Rescue」の事例記事で、最後にGA4が機械学習によって自動的に「週末のボランティア参加が減少する傾向がある」というインサイトを発見し、レポート上でアラートが出たことで、それを参考に迅速に週末のマーケティング活動を強化することでボランティアリソースの安定確保につながったという話が出てきます。

この機械学習による分析情報は標準レポートからアクセスできます。「レポート」＞「レポートのスナップショット」から「すべての統計情報を表示」をクリックしてください。

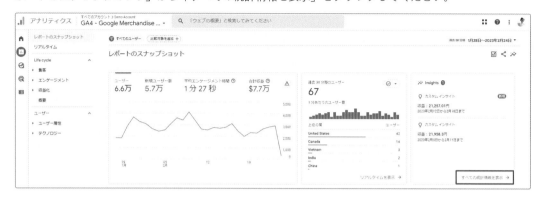

データに異常な変化や新たな傾向が検出されると、インサイトとしてインサイトダッシュボードに提示されます。

本書執筆時点では、GA4のレポートUI上もこのインサイトへアクセスができる導線が限られており、また個人的にはこの気づきをどう施策に活かしていけばよいのかを難しく感じることもありますが、GA4レポートを確認する時間が足りないけれどサイトの変化はいち早く把握しておきたい、といった場合にとても便利な機能です。GA4のインサイト機能については、公式ヘルプでも詳しく紹介されているので参照ください。

[GA4] アナリティクス インサイト

https://support.google.com/analytics/answer/9443595?hl=ja

こういった機械学習で自動的に重要なインサイトが抽出される機能が今後更に拡充されれば、日々多忙な担当者もレポートの分析作業の負担が減り、戦略や新たな打ち手の検討といったより重要な業務に時間を割けるようになるでしょう。

予測オーディエンス×ターゲティング

GA4には「予測オーディエンス」と呼ばれる機能が実装されており、機械学習で自動的に「将来LTV貢献が見込めるユーザー」「離脱の可能性が高いユーザー」といった特定のユーザー群を「予測オーディエンス」として抽出できます。作成した予測オーディエンスは、GA4レポート上で分析時のセグメントとして利用できるだけではなく、Google広告のターゲティングリストに連携し、GA4から抽出したユーザー群に向けて広告でアプロー

チすることが可能です。

「予測オーディエンス」は、オーディエンス作成画面から作成できるオーディエンスの一種です。オーディエンスの作成は、次の画面の通り、「管理画面」＞「オーディエンス」＞「オーディエンス」から行います。

「オーディエンスを作成する」を選択すると、該当の条件で予測オーディエンスが作成され、自動的にGoogle広告のターゲティングリストに追加されます。

この機能を活用することで、ROASやCPAといった指標で評価される広告のパフォーマンスの改善が期待できます。

一点留意点として、現段階では予測機能は「purchaseイベントの設定されているサイト」に限られます。また、過去28日の間で週1,000ユーザー以上purchaseイベントが発生している必要があるといった、各種制限があります。

詳細は、次の公式ヘルプの予測指標の前提条件を参照ください。

[GA4] 予測指標
https://support.google.com/analytics/answer/9846734

本書執筆時点ではECでかつある程度のトランザクションが見込めるサイトに限定された機能ではあるものの、いずれはより様々なサイトで予測オーディエンスが利用できるようになることが期待されます。

▎GA4行動データ×サイト改善

GA4のオーディエンスはGoogleOptimizeと連携することで、集客だけではなくサイト改善にも活かせます。GoogleOptimizeはコンテンツのABテストやパーソナライズが無料で手軽にできるソリューションですが、GA4で作成したオーディエンスをGoogleOptimizeに連携してテストのターゲティング対象とすることが可能です。

GA4の管理画面から「オプティマイズのリンク」を選択するとGA4とGoogleOptimizeの連携が開始されます。

連携設定後は、GoogleOptimizeのエクスペリエンス作成画面から、GA4のオーディエンスをターゲティングとして選択できるようになります。GA4とGoogleOptimizeを連携することで、例えば特定のサービスカテゴリを熟読し興味が高いと思われるユーザーがいれば、該当サービスの特集コンテンツへの導線をポップアップバナーで表示したり、機械学習で抽出した「離脱する可能性が高いユーザー」の予測オーディエンスに対してサイト上で特典バナーを見せて離脱が阻止できるか検証するといった、行動データをもとに抽出したターゲットごとに、コンテンツパーソナライズやテストができます。

Google オプティマイズのサポート終了
https://support.google.com/optimize/answer/12979939

> **MEMO**
>
> GoogleOptimize は本書執筆時点では、2023年9月末でサポートが終了することがアナウンスされていますが、Google は GA4データに基づいたサイト改善の PDCA を通してユーザー体験を最適化する機能のために今後も投資していくと明言しています。GoogleOptimize の終了は更に効果的なソリューションを提供するための過程であるとのことです。その先のソリューションについて時期を含めた具体的な情報は出ていませんが、GA4データを活用したサイト改善機能についても今後の発展を期待しながら最新情報を待ちましょう。

02 GA4活用までのロードマップ

◯ GA4導入〜活用の理想的な進め方

　GA4にはたくさんの新しい機能、頻繁なアップデートもあり、「こういう機能が出たから使ってみよう」といった機能ベースであれもこれもと手をつけていくとデータ利用の迷路に迷い込んでしまいがちです。改めて自社のマーケティング上の課題に立ち戻って、課題から逆算したデータ活用を考えていくのが、GA4活用を軌道に乗せる一番の近道になります。

　筆者が所属する会社では本書執筆時点で80社以上の様々な業種業態のお客様に向けてGA4の導入・活用コンサルティングを提供していますが、GA4活用支援をどのように進めていくかを紹介します。次の図は、株式会社プリンシプルで提唱しているGA4活用のロードマップです。

GA4活用に向けたロードマップ

ステップ	①簡易基盤移行	②GA4活用設計	③GA4基盤拡張	④データ活用
目的	GA4タグを実装し、最低限の設定を行う	自社サイトの現状を把握したうえで、GA4のあるべき活用の姿を打ち立てる	②をもとにGA4を実装し、以降のマーケティングPDCAサイクルの基盤を作る	GA4活用を伴走し、GA4データに基づく施策の改善サイクルを形成する
詳細	・GA4タグの設置 ・最低限の設定実施（UAで設定されていたコンバージョンなど）	・定量・定性調査の上でサイト概況を把握 ・GA4で追いかけるべきKGI/KPI設計 ・レポーティング設計 ・分析に必要なデータ定義	・②の活用設計に基づいた実装設計 ・GA4追加実装 ・Bigqueryエクスポート	・Tableauを利用した月次レポーティング ・アドホック分析・施策提案 ・施策実行後の効果検証、以降改善方向性の検討 ・定性調査による他社比較

　ステップ①として、Googleタグマネージャー経由でGA4のタグを実装し、まずは最低限のデータを取得開始するところからスタートします。Chaper3-01で詳しく説明しますが、GA4はタグを実装するだけで、自動で基本的なページビューやスクロール等のイベントが計測開始されます。初めから完璧にカスタマイズを施すのはハードルも高く時間がかかってしまうので、まずはできる限り早く最低限のデータを取得開始するところから始めます。

　その際、Chapter3-05を参照して、自社のアクセス除外やコンバージョン設定といった最低限の設定は済ませておきましょう。

　次に、ステップ②として取得し始めたデータも参照しながら活用設計を行います。ここでは改めて自社の課題に当てはめてGA4活用方針を検討していきます。自社のターゲットユーザーのジャーニーや今後取り組みたい施策の整理をして、GA4で追いかけるべきKPIや定点レポートの型を決めていきます。

具体的には以下がこのステップに含まれます。

a. ビジネス面から自社はどのような顧客にどのような便益を提供しているのかを明確にする
b. その便益を潜在的な顧客に伝えるためにしてきたこと、今後することを整理する
　　・集客面（SEO、広告、SNS等）では何をしてきたのか、今後は何をするのか
　　・コンテンツ面（ブログ、事例掲載、動画等）でどのようなアセットがあるのか
d. サイトの目的は何であるかを明文化するとともに、目的の達成度合いを定量的に測定する指標（KGI）を定義する
e. 集客面、コンテンツ面で最適化を行うには担当者はどんなKPIを設定し、そのKPIをどのようなレポートで確認するべきか、また、最適化を行う上で必要となるレポートはどんなものかを定義する
f. そのレポートを担当者が利用するためにはどのようなデータ収集を行うべきかを精査する

　②の活用設計を行うと、不足しているデータが浮き彫りになります。そこで③のステップとして計測基盤としてのGA4のデータを拡張します。このステップでは、Chapter9-04で説明する「イベントを変更」「イベントを作成」を利用したり、GTMへの追加タグ投入を行ったり、データインポートを利用して担当者が最適化を行う上でのデータ収集を強化します。BigQueryへのデータエクスポートもこの段階で検討するとよいでしょう。

　そこまで実現すると、定常的にPDCAが回るようになっていますので、定期的なモニタリング用のレポートを作成したり、担当者がアドホック的な分析を行い、施策の立案や実施した施策の効果測定を行う、④のデータ活用フェーズになります。

● GA4活用設計の考え方

　ここからは、先ほどロードマップでお伝えしたGA4の活用設計について更に詳しく見ていきます。GA4の移行自体は比較的簡単にできますが、GA4のデータを活用して自社のマーケティング改善の運用に乗せていくのはハードルが高くなかなか進まないというのが、多くの現場の実情でしょう。そのハードルを越えるために活用設計のプロセスが重要になってきます。

　活用設計では、自社のデジタルマーケティングの現状を整理した上で、GA4のあるべき活用の方向性を定めていきます。

　その工程において特に重要なポイントは、自社における重要な顧客のジャーニーを整理するという点です。GA4はフルジャーニーを最適化することを目的としたソリューションなので、まずは自社における重要な顧客のジャーニーはどういったものなのかを整理することで、自社に合ったデータ活用の方向性を見出せます。

①ターゲットユーザー・ジャーニー整理

　活用設計は、まず自社において重要な顧客像や、理想的なジャーニーを整理するところから始めます。

ターゲットユーザーについては、人物像を事細かにリアルに設定するような本格的なペルソナである必要はなく、どんなニーズを持ったどんな属性のユーザーを顧客として重視しているのか、また、そのユーザーは最初に自社サービスや商品にどのように接点を持ち、どういった軸を重視して購入や申し込みを検討されるのかといった観点で大まかに整理できれば十分です。

ターゲットユーザーイメージ

	ターゲットA	ターゲットB	ターゲットC
基本情報	年齢·性別: XXXXXXX 家族構成: XXXXXXXXXX 趣味嗜好: XXXXXXXXX	年齢·性別: XXXXXXX 家族構成: XXXXXXXXXX 趣味嗜好: XXXXXXXXX	年齢·性別: XXXXXXX 家族構成: XXXXXXXXXX 趣味嗜好: XXXXXXXXX
ニーズ	XXXXXXXXX XXXXXX XXXXXXXXXX	XXXXXXXXX XXXXXX XXXXXXXXXX	XXXXXXXXX XXXXXX XXXXXXXXXX
認知経路	XXXXXXXXXXXXX XXXXXXXXX	XXXXXXXXXXXXX XXXXXXXXX	XXXXXXXXXXXXX XXXXXXXXX
選定 ポイント	XXXXXXXXXXXXX XXXXXXXXX	XXXXXXXXXXXXX XXXXXXXXX	XXXXXXXXXXXXX XXXXXXXXX

　異なるニーズを持った複数のユーザー群を狙いたいといった場合は、分けて整理していきます。1つのサイトでターゲットユーザー群が複数いる場合、例えばGA4で該当のユーザー群を分けて分析したいので、カスタムディメンションにユーザー属性を格納する、といったカスタマイズが検討されます。

　次に、ターゲットユーザーのジャーニーを整理していきます。その時点での想定で構わないので、顧客が自社を認知してから優良顧客になるまでの理想のジャーニーを可視化してみましょう。認知、比較検討、初回購入……と各フェーズにおいて、顧客の心理状態、タッチポイントと想定される行動を整理していきます。

ジャーニーイメージ

	ターゲットA		ターゲットB		ターゲットC
	認知·興味関心	比較検討	購入	商品到達	シェア·再訪
心理	XXXXXXXXX XXXXXX		XXXXXXXXXXXXX XXXXXXXXX		XXXXXXXXXXX XXXXXXX
タッチ ポイント	XXXXXXXXX XXXXXX		XXXXXXXXXXXXX XXXXXXXXX		XXXXXXXXXXX XXXXXXX
行動	XXXXXXXXX XXXXXX		XXXXXXXXXXXXX XXXXXXXXX		XXXXXXXXXXX XXXXXXX

　ターゲットユーザーやジャーニーの整理においては、その時点で取得できている範囲にはなりますが、定量データも役立ちます。GAのユーザー属性や閲覧コンテンツ、GSCの検索クエリなどを確認することでして、現時点でどういったユーザーがどんなニーズを持ってサイトに来訪しているかの参考になります。また、現状のサイトへの流入経路やCVま

での期間・接触回数などを確認することで、ジャーニー上でウェブの接点がどのように発生しているのかがわかります。

また、ウェブ部門が単独で検討するよりも、顧客のジャーニーに関わる他部門、例えば、ECサイトであればコールセンターの担当者、リード獲得サイトであれば営業担当者など、他の部署も巻き込んで進められるとよいでしょう。

直接顧客と接している担当者の意見を聞くことでユーザー像やジャーニーの精度が上がりますし、また例えば、セールスチームと会話している中で、GA4の行動データを営業アプローチに活かしたい、といったデータ活用のアイデアも拾えることもあります。

多くの企業においてGA4を活用した顧客体験の改善は、デジタルマーケティングの部署内のみでは完結せず、組織横断で一気通貫した取り組みが求められます。そのためにも、データ活用の設計段階から他部署も巻き込んで、ともにデータを活用して顧客体験を改善していくという共通認識を高めていけると理想的です。

②KPI設計

また、理想的なジャーニーを目指す上で、認知、比較検討、初回購入……と各フェーズにおいて、現状どのような課題が存在しているでしょうか？ その課題を解決する上で、どのような取り組みを実施中、または今後実施予定でしょうか。フェーズごとにボトルネックとなっている重要な課題と施策を整理し、その施策の成果を計るKPI（売上や問い合わせ数といった自部署の目標達成に向けた達成度合いの評価指標）を設定していきます。

ジャーニーイメージ					
	ターゲットA		ターゲットB		ターゲットC
	認知・興味関心	比較検討	購入	商品到達	シェア・再訪
心理	• XXXXXXXXX • XXXXXXX		• XXXXXXXXXXXXX • XXXXXXXXX		• XXXXXXXXXXX • XXXXXXXX
タッチポイント	• XXXXXXXXX • XXXXXXX		• XXXXXXXXXXXXX • XXXXXXXXX		• XXXXXXXXXXX • XXXXXXXX
行動	• XXXXXXXXX • XXXXXXX		• XXXXXXXXXXXXX • XXXXXXXXX		• XXXXXXXXXXX • XXXXXXXX
課題施策	• XXXXXXXXX • XXXXXXX		• XXXXXXXXXXXXX • XXXXXXXXX		• XXXXXXXXXXX • XXXXXXXX
KPI	• XXXXXXXXX • XXXXXXX		• XXXXXXXXXXXXX • XXXXXXXXX		• XXXXXXXXXXX • XXXXXXXX

例えば、認知フェーズで潜在ユーザーへのアプローチ不足に課題があったとして、認知広告や非指名ワードのSEOに取り組むとします。その場合、インプレッション数やCTR、サイト流入直後のエンゲージメント率等が評価指標として考えられます。

そのように各フェーズにKPIを設けGA4での計測をできるようにすることで、ジャーニーが想定通り改善できているかどうかをGA4上で検証できるようになります。顧客体験を改善し最終ゴールとなるサイトの成果を最大化させるために、どのような取り組みを行うのか洗い出し、そこから逆算して、GA4で追いかけるべき指標に落とし込んでいくこと

が重要になってきます。

③レポーティング設計

　取り組むべき施策やKPIが整理できたら、レポーティング設計に入っていきます。定点レポーティングでどういった項目を確認していくか、実施施策の成果の検証としてどういったアドホック分析が想定されるかを整理します。

　GA4のレポーティングに際しては、どういった手段でレポーティングするかを検討する必要があります。GA4標準・探索レポート以外に、外部のダッシュボードツールや、BIツールを利用したレポーティングという選択肢があります。また、外部のダッシュボードツールやBIツールを利用するにあたっては、それぞれのツールからGA4のデータに接続する必要があります。その際、データAPI経由、BigQueryクエリ経由の2つのデータ接続の選択肢があります。パターンが多いためどのように選べばよいか迷いがちです。

　レポーティングを行うツールとして以下の4つを手軽さ、データの正確さ、分析の範囲と3つの観点で3段階評価にまとめました。なお、ダッシュボードツールとしては、Google Looker Studioの公式コネクタ（データAPI）経由での利用、BIツールとしては、TableauのBigQuery経由での利用を例として挙げています。

- GA4標準レポート
- GA4探索レポート
- Looker Studio（公式コネクタ経由）
- Tableau（BigQuery経由）

	GA4レポート（無償版）		LookerStudio (旧データポータル)	BigQuery
	標準レポート	探索レポート	公式コネクタ経由	BIツール（Tableau）
手軽さ	◎	○	○	△
データの正確さ	○	△	△	◎
分析の範囲	△	○	△	◎
使い分け	・簡易的に主要データを確認したい	・簡易的にデータの深掘りをしたい ・データ精度や期間にこだわりはない	・簡易的なカスタマイズレポートを定期モニタリングしたい	・自社独自のカスタマイズレポートを定期モニタリングしたい ・ユーザー単位のデータを利用し本格的に深掘り分析をしたい
セグメント機能	・セグメント機能が使えない(簡易的な比較機能のみ)	・セグメント機能が使える	・セグメント機能が使えない	・SQLで対応可能
ディメンション・指標の制約	・ディメンションはプライマリ、セカンダリの2つのみ、バリエーションも限られる	・(自由形式で)ディメンションは5個まで、バリエーション豊富	・利用不可のディメンション・指標あり ・計算フィールドが使える (率の指標が柔軟に追加できる)	・ディメンション数は制限無し ・指標も柔軟に作成できる(率の指標が柔軟に追加できる)
データ精度	・サンプリングがかからない ・データしきい値が適用される	・サンプリングがかかる ・データしきい値が適用される	・APIリクエスト上限の制約有り ・データしきい値が適用される	・サンプリングがかからない ・データしきい値が適用されない

	GA4レポート（無償版）		LookerStudio (旧データポータル)	BigQuery
	標準レポート	探索レポート	公式コネクタ経由	BIツール（Tableau）
データ期間	・データ保持期間を超えて閲覧可能	・データ保持期間設定（2ヵ月または14ヵ月）に限定	・データ保持期間を超えて閲覧可能	・BigQuery エクスポート開始以降から蓄積開始し、期間は無制限
必要な費用	・無償で利用可能	・無償で利用可能	・無償で利用可能	・BigQuery の利用料、Tableau ライセンス費用がかかる ※BQ は無料枠内で運用も可能
必要なスキル	・GA初心者でも使いやすい	・GA中級者向け	・GA中級者向け	・BigQuery 利用にあたりSQL スキル、Tableau スキルが必要

標準レポート

標準レポートは、最も手軽なレポーティング手段で、GA初心者でも使いやすく、簡易的に主だったデータを確認したいときに最適です（詳しくはChapter4-03参照）。また、ユーザーデータ保持期間についてもGA4では最長14ヵ月と短くなりましたが、集計済みのデータを使っている標準レポートについては、14ヵ月以上遡ったデータもレポートに表示できますし、サンプリングも一切かかりません。

一方で、分析の範囲という観点では、セグメント機能が存在しません。ディメンションもプライマリ、セカンダリの2つのみしか設定できません。シンプルで初心者にもわかりやすくなった分、課題意識をもった中級者が深掘りした分析を行うためには物足りません。

探索レポート

次に探索レポート（詳しくはChapter4-04参照）ですが、標準レポートを一通り使いこなせるようになったGA中級者向けとなります。データの範囲という観点では、サンプリングがかかってしまう点とユーザーデータ保持期間の制限を受ける点に留意が必要です。

集計済みのデータを表示する標準レポートと違い、探索レポートはユーザーのデータを改めて集計してレポートを生成する仕組みなので、ユーザーデータ保持期間内のデータしか確認できません。1、2年経って中長期のデータを見たい場合には、探索レポートだと実現できません。

分析の範囲という観点では、探索レポートではBIツールのような要領でディメンション、指標を組み合わせてアドホックな分析ができます。一方で利用が難しい面があります。例えば、ディメンションやスコープについての知識が不十分で、適切でないディメンションと指標を組み合わせるとエラーになってしまうことがあったり、表示されている指標が"検算"できず、どうしてその値となったのかがわからなかったり、説明できなかったりする場合があります。

しかし、「目標到達プロセスデータ探索」、「経路データ探索」、「セグメントの重複」、「コホートデータ探索」など、探索レポートに用意されているテンプレートは多彩です。後述のLooker StudioやBIツールでも可視化が困難だったり、手間がかかったりする分析を行うことができますので、担当者は習熟することが求められます。

LookerStudio

　続いて、LookerStudio（旧データポータル）ですが、API経由のデータに接続した場合は標準レポート同様に集計済みのデータとなるため、サンプリングやデータ保持期間の制限を受けない仕様にはなっています。一方で、本書執筆時点ではAPIのリクエスト上限が設定されており、レポートの読み込みやデータ量が多いとエラーが出てしまいます。特に、Looker Studio の利用者が多い場合、グラフを1つのレポートにたくさん貼り付ける必要がある場合は、現段階ではAPIの制限があるため、BigQuery の利用を検討する必要があります。

　分析に関しては、集計済みデータのためセグメント機能が使えません。また、LookerStudioは、レポートの共有に適したツールです。分析に強みを持つBIツールのようにスピード感持ってディメンションや、指標を切り替えて知見を見つけるという用途には必ずしも適していません。定点レポーティングのツールとして、簡易的にレポートをカスタマイズして、定点数値を追いかけたいという場合に検討するとよいでしょう。

BIツール

　最後にBigQueryにエクスポートしたデータをBIツールに取り込んで、レポーティングや分析をするパターンですが、こちらはBigQueryにエクスポートしたローデータを使うので、サンプリング、データ期間の心配も不要です。

　分析の範囲も、深掘りした分析を柔軟に、かつ、スピード感を持って行えます。

　一方で、費用の面で、BigQueryの利用料の他に、BIツールのライセンス費用もかかります。支援会社に分析を任せるのであれば自社でライセンスは不要ですが、自社で取り組む場合はライセンス購入が必須です。BigQueryについては毎月の無料枠が用意されているので、サイト規模によっては無料枠内で運用することも可能です。

　また、費用面以外にスキルも求められます。BigQueryに蓄積されたデータをにはSQLを書かないといけません。またBIツールも使いこなすスキルが必要で

1

2

3

4

5

6

7

8

9

MEMO

本書執筆時点では、BIツールとして代表的なTableauでは、GA4のデータコネクタを開発中で2023年上期にリリース予定との情報が出ています。とはいえ、GA4のAPI制限の問題はLookerStudioと同様なため、やはり課題の発見や仮説の検証といった、試行錯誤が必要になる分析には、BigQueryの活用は必要不可欠になってきます。

で経験者がいない場合はハードルが高いというのがデメリットになります。

　GA4データのレポーティング手段についても説明しました。それぞれのメリットデメリットを理解して、自社の実情に合わせて適切なレポーティング手段を選んでください。KPIやレポーティングの整理が完了したら、必要なデータが現状取得できているかを確認し、できていないものがあれば追加実装の検討をしていきます。

　ここまで筆者が業務上で顧客企業に対して、GA4の活用設計を行う大枠の流れを紹介しました。ぜひ自社の取組みの参考にしてもらいたいですが、一方で、担当者がGA4を学び始めたタイミングで、自社にとって最適なGA4の設計・カスタマイズ実装を一発で行うというのは難しいというケースがほとんどでしょう。その場合は、まずは自社の最重要課題に着目し、その課題に対して上手くGA4を活用できないかという視点で考えてみてください。優先度の高い課題から活用設計〜データ活用の実践を小さく繰り返し、PDCAを回しながらトライアンドエラーで進めていくとよいでしょう。

Chapter 3

基本的な導入設定

ここでは、GA4 を自身のサイトへの導入方法に加えて、基本的な設定について紹介します。GA4 はその他の解析ツールと比較しても、設定項目が多岐にわたっているため、それぞれの設定項目を理解することは難しいですが、1 つずつ理解して設定していきましょう。また、既に導入している場合であっても、設定内容に不安がある場合はこの機会に一度設定内容を見直してみましょう。

01

GA4導入前の事前知識

● データストリームとは

　「データストリーム」とは、GA4にデータを送信するためのインターフェースです。自社のウェブサイトやアプリなどのウェブサイトに訪問してきたユーザー行動データを、データストリームを介してGA4にデータを送信します。現在、データストリームには「ウェブ」「Androidアプリ」「iOSアプリ」の3種類が存在し、データを送信するウェブサイトに合わせて適切な種類のデータストリームを作成します。

　また、1つのGA4プロパティに対して複数のデータストリームを作成できるので、あるビジネスをウェブだけでなくAndroid / iOSアプリでも展開している場合、1つのプロパティに、「ウェブ」「Androidアプリ」「iOSアプリ」それぞれのデータストリームを作成し、利用することが推奨されます。一方で、1つのビジネスを複数のウェブサイトを通じて展開している場合であっても、「ウェブ」データストリームは1つのみを作成し、複数のウェブサイトで同一のデータストリームを共有する形が推奨されています。

　本書では、ネイティブアプリについては取り扱わないため、「Androidアプリ」「iOSアプリ」のデータソースについては触れません。以降では、「ウェブ」データストリームに絞って説明を進めます。

● アカウント構造

　GA4では、「アカウント」「プロパティ」「データストリーム」という3つの階層で構成されています。このうち、「プロパティ」がGA4においてレポートを表示するために用いられる階層となっています。また、先述した通り「データストリーム」はデータを計測するために用いられる階層となっています。そして、「アカウント」は複数の「プロパティ」を会社単位や組織単位などで束ねるために用いられています。

　今までのUAでは、データの計測を行うのが「プロパティ」階層で、レポートを表示するために用いられるのが「ビュー」階層であったため、2階層目と3階層目の役割がUA

とGA4で逆転していることに注意しましょう。

○ イベント情報の構成

GA4の計測サーバーに送信される情報を「イベント」と呼んでおり、イベントは「イベント名」と「イベントパラメータ」の2つで構成されます。

例えば、ウェブページでページを読み込んだ（ページビュー）ときに、イベント名＝「page_view」のイベントが送信されます。このイベントには、付加情報として対象のページURLを表す「page_location」やページタイトルを表す「page_title」といった情報が「イベントパラメータ」として送信されます。

イベントパラメータには、GA4タグが自動で送信する情報の他に、GA4タグを自身でカスタマイズすることで、任意の値を送信することもできます。

次の図は、ソーシャルネットワーキングサービスなどにコンテンツをシェア（共有）するときのイベントにおけるイベント名とイベントパラメータの例です。

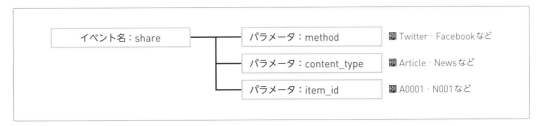

実際のイベントには、タグ実装者が意図的に実装したイベントパラメータの他に、流入元情報やセッションに関わる情報などのイベントパラメータが自動設定されます。

また、イベント単位で設定するイベントパラメータの他に、ユーザー単位でパラメータを設定することもでき、こちらは「ユーザープロパティ」と呼ばれています。ユーザープロパティも1つのイベントに対し複数のユーザープロパティを設定できます。

○ イベントの種類

GA4で設定するイベントは、そのイベントの仕様に基づいて「自動収集イベント」「測定機能の強化イベント」「推奨イベント」「カスタムイベント」の4つに分類できます。

｜ 自動収集イベント

自動収集イベントはGA4を導入すると、自動で収集されるイベントとなっており、Googleタグマネージャーでのタグ実装やGA4管理画面での設定が不要な（設定を行えない）イベントです。

ウェブデータストリームでは、次のイベントが自動収集イベントに該当します。

イベント名	送信されるタイミング
first_visit	ウェブサイトに初めてユーザーが訪問したとき
session_start	ユーザーがウェブサイトを利用したとき
user_engagement	ウェブページが1秒以上フォーカスされているとき

測定機能の強化イベント

　測定機能の強化イベントは、ページのスクロールや外部リンクのクリック、動画の再生など、多くのウェブサイト上で発生するユーザー行動を対象にし、GA4の管理画面上で設定するのみで送信できるイベントです。デフォルトでは測定機能の強化イベントは全て有効に設定されているため、データストリームの設定画面で個別に無効に設定していない限りは、計測されています。

　測定機能の強化イベントには、「ページスクロール」（ページを90%スクロールしたときにイベントが起動）、「離脱クリック」（外部ドメインに遷移するリンクのクリック時に起動）、サイト内検索、YouTube動画に対するエンゲージメント、ファイルのダウンロードなどが準備されています。

　また、これらの測定機能の強化イベントの有効・無効の設定は、データストリームの設定画面から変更できます（具体的にはChapter3-02を参照）。

推奨イベント

　推奨イベントは、GA4がより有益なレポートを生成するために実装することを推奨しているイベントです。推奨イベントを実装するためには、Googleタグマネージャーなどを使ったタグの実装が必要であり、個々のサイトごとに設定を行う必要があるため、自動では送信されません。

　実装を行うには一手間必要ですが、一度実装してしまえばGA4で利用可能なレポートの選択肢が増えるため、推奨イベントで定義されているイベントのうち、自身のサイトに適合するユーザー行動の計測を検討・実装しましょう。

　推奨イベントには、「アカウントへのログイン」を表す「login」イベントや、「問い合わせフォーム等によるリード獲得」を表す「generate_lead」イベントなどが定義されています。

カスタムイベント

　「自動収集イベント」「測定機能の強化イベント」「推奨イベント」に適合しないイベントは、GA4では「カスタムイベント」として処理されます。

　カスタムイベントでは、自身のサイト特有の情報を自由に収集でき、イベント名やパラメータは自身で定義できます。

　自由度がある一方で、それらを活用するには全て自身でレポートを作成することなどが必要です。カスタムイベントは、最後の手段として利用するようにし、できるだけ「自動収集イベント」「測定機能の強化イベント」「推奨イベント」を利用するのがよいでしょう。

02 GA4の導入方法

GA4を使い始めるには、GA4のタグをサイトに設置する必要があります。このGA4のタグは、Googleアナリティクスの1つ前のバージョンであるUA（ユニバーサルアナリティクス）のタグと互換性がないため、UAを今まで使っていた場合であっても新しく導入し直す必要があります。

タグの導入方法には、サイトに直接GA4タグを設置するgtagを使う方法と、Googleタグマネージャーに代表される「タグマネジメント・ツール」を使う方法があります。

◯ gtagを使う方法

gtagを使う方法は、ウェブサイトを構成するHTML上に直接gtagのJavaScriptコードを設置する必要があります。ウェブサイトで使われているCMSなどのシステムの制約や自社のセキュリティ・ポリシーなどでGoogleタグマネージャーを利用できないケースでもGA4を導入できるようになっています。

gtagを使う方法でGA4を導入する場合、JavaScriptコードで記述する必要があるため、JavaScriptの学習が必要になることに加え、タグの改修の都度、ウェブサイト上のHTMLに変更を加える必要があるため、デジタルマーケター向きの方法とは言えません。

一方でgtagを使う方法を使いこなせると、複数のGA4プロパティに同一の内容を送信する場合など特定のユースケースにおいて簡潔にタグ実装できることがあります。

◯ タグマネジメント・ツールを使う方法

GA4に限らず、数年前から「タグマネジメント・ツール」を使って、ウェブマーケティングツールのタグを導入するケースが増えました。タグマネジメント・ツールを使うことで、サイトへのタグ設置のハードルが一気に低くなり、ウェブマーケティングツールの新規導入が普及しました。

本来、ウェブサイトにタグを設置するためには、ウェブサイトを構成するHTML上にコードを追加する必要があり、そのためにウェブサイトの開発者と連携する必要があります。それに対し、タグマネジメント・ツールを用いる場合、ウェブサイトを構成するHTML上には、全ページにタグマネジメント・ツールのタグをただ1つのみ設置するだけで済みます。そして、ウェブマーケティングツールの導入時はタグマネジメント・ツールの管理画面上でタグを設置できるようになります。

タグマネジメント・ツールには、Google社が提供する「Googleタグマネージャー」、Adobe社が提供する「Adobe Dynamic Tag Manager」、Tealium社が提供する「Tealium IQ」などが存在します。この中でも「Googleタグマネージャー（以降はGTMと表記）」は無償で利用できることもあり、多くのサイトで使われています。また、GA4

とGTMはともに同じ会社が提供しているサービスということもあり、2つのサービス間での連携も強化されています。

　筆者が過去に関わったことがあるGA4導入では全てのケースでGTMが用いられていたこともあり、本書では、GTMを使ってGA4を導入する方針で話を進めていきます。もし、GTMをまだ導入していないサイトの場合、まずはGTMの導入から始めるとよいでしょう。

03 GA4タグを設置する

GA4タグを設置する手順は次のようになっており、順番に手順を解説します。

①GA4プロパティを作成する
②データストリームを作成する
③GTMでページビュー・タグを設置する
④リアルタイムレポートで計測を確認する
⑤タグを公開する

GA4プロパティを作成する

GA4のプロパティ作成は、同時にGA4アカウントを作成するか、既存のGA4アカウントの配下に作成するかで設定手順が異なります。

GA4アカウントを同時に作成する場合

まだGA4アカウントが1つも存在しない場合や、既存のGA4アカウントとは切り分けて別のアカウントでプロパティを作成したい場合は、次のURLから、「測定を開始」ボタンをクリックして作成を始めます。

Googleアナリティクスへようこそ

https://analytics.google.com/analytics/web/#/provision

この画面では、大きく「アカウントの設定」「プロパティの設定」「ビジネスの概要」の3つの手順に分かれています。「アカウントの設定」では、「アカウント名」を入力し、「アカウントのデータ共有設定」を設定します。アカウント名には組織名などわかりやすい名前を設定します。アカウントのデータ共有設定では、Googleが収集したデータをどの範

囲で利用してよいかを設定します。自社のプライバシーポリシーとGoogleのデータ処理
規約やデータ保護の仕組みを照らし合わせてチェックを行ってください。

　続いて、「プロパティの設定」では作成するプロパティの「プロパティ名」「レポートの
タイムゾーン」「通貨」を指定します。「プロパティ名」には、サイト名などわかりやすい
名前を指定します。「レポートのタイムゾーン」「通貨」は自身のウェブサイトに合わせて
適切なものを選択してください。これらは作成後に変更することも可能なので、迷った場
合でもとりあえず何かしら設定して次に進めていきましょう。

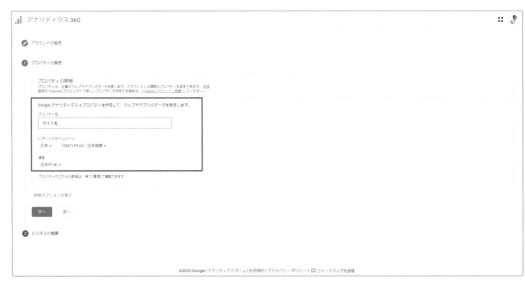

　続いて「ビジネスの概要」では、業種やビジネス規模、利用目的を指定できます。自身
のサイトに適した項目を選択し、「作成」ボタンをクリックしてください。作成ボタンを
クリックした際に「Google アナリティクス利用規約」が表示された場合、利用規約を確
認し、問題なければ「同意する」を選択してください。

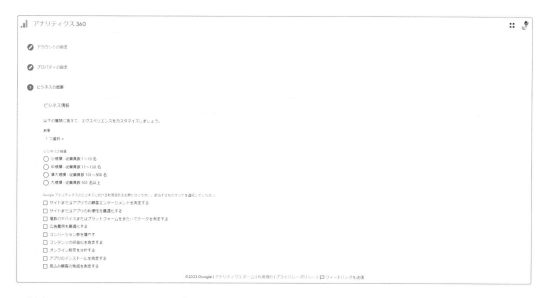

　以上で、GA4のアカウントとプロパティの作成が完了し、次のような画面が表示され
ます。この時点で、受け取ったGA4のデータを格納する場所である「プロパティ」が作
成されました。

GA4プロパティのみを作成する場合

　既存のGA4アカウントに紐づけてGA4プロパティを作成する場合、Googleアナリティ
クスの管理画面で該当のGA4アカウントを選択し、下記の「プロパティを作成」ボタン
をクリックして進めます。

　以降の設定項目は、「GA4アカウントを同時に作成する場合」における「プロパティの設定」「ビジネスの概要」と同じです。先述の「GA4アカウントを同時に作成する場合」を参照し、GA4プロパティの作成を進めてください。

データストリームを作成する

　GA4プロパティの作成後、管理画面の「プロパティ設定」から「データストリーム」に進みます。

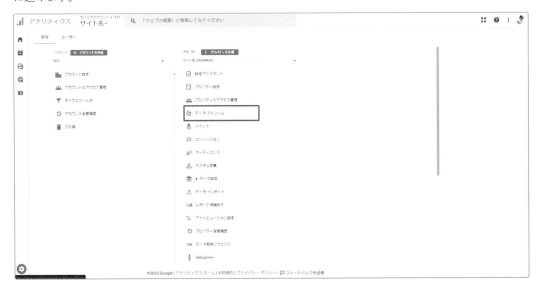

　今回は、ウェブ用のデータストリームを作成するので、「ウェブ」を選択します。

「データストリームの設定」画面では、「ウェブサイトのURL」「ストリーム名」「拡張
計測機能」の3つを設定します。

「ウェブサイトのURL」には、このGA4プロパティを導入する予定のサイトのURLを、
「ストリーム名」にはこのデータストリームに設定する任意の名前を設定しましょう。「拡
張計測機能」は後ほど説明しますが、現時点ではデフォルトの設定のままにします。

これらを入力し終えたら、「ストリームを作成」ボタンをクリックし、データストリー
ムの作成を行います。

作成後は次のような画面が表示されます。赤枠で示した「測定ID」が次以降でタグを
実装する際に必要になる情報です。再度、この設定項目に戻ってくることで測定IDを表
示させることもできますが、念のためこの測定IDをメモしておくとよいでしょう。

◯ GTMでページビュー・タグを設置する

GTMには公式のテンプレート・タグが準備されています。GA4の導入・設定を行う際に利用するタグタイプは、次の2つです。

- Googleアナリティクス：GA4 設定
- Googleアナリティクス：GA4 イベント

このうち、「Googleアナリティクス：GA4 設定」タグがGA4に送信する情報をまとめたベースとなるタグとなっており、基本的に1つのデータストリームに対して1つの「Googleアナリティクス：GA4 設定」タグを作成します。それに対し、「Googleアナリティクス：GA4 イベント」タグは、先述の「Googleアナリティクス：GA4 設定」タグを参照する形で設定・利用し、実装するイベントに応じて複数作成するケースが多いです。

では、GTMでタグの作成を行います。

「タグの種類」では「Googleアナリティクス：GA4 設定」を選択します。

「タグの設定」画面では、「測定ID」の入力項目があり、これを入力する必要があります。「測定ID」は、「データストリームを作成する」で用意した「G-」から始まるアルファベットを表しています。

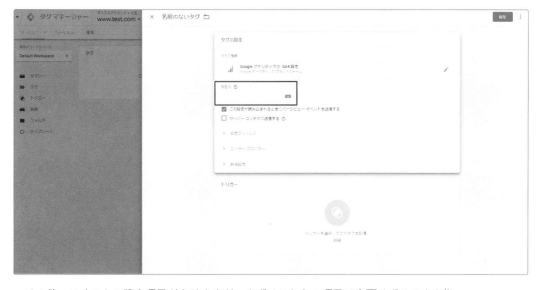

その他、いくつかの設定項目がありますが、まずはこれらの項目は変更せずそのまま作成します。続いて、この「Googleアナリティクス: GA4 設定」タグを配信するトリガーとして「All Pages」（または、「Initialization - All Pages」）を選択します。これで最初のGA4タグの作成が終わりです。「保存」ボタンをクリックして作成したタグを保存しましょう。

○ リアルタイムレポートで計測を確認する

作成したGA4タグの動作確認を行います。ここでは動作確認には、Google タグマネー

ジャーの「プレビューモード」を、またGA4の「リアルタイム」レポートを利用します。

「リアルタイム」レポートは、過去30分以内に計測したデータを表示できるレポートであり、「今この瞬間に」アクセスしているユーザーの閲覧状況を確認できるレポートです。計測されたデータをすぐに表示できるレポートのため、本来の利用用途以外に、簡易的なタグの動作確認のために用いられることもあります。

「リアルタイム」レポートはレポートメニュー内の次のメニューから表示できます。

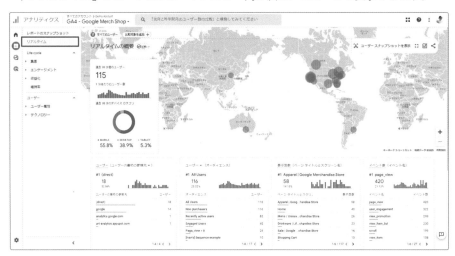

表示されたリアルタイムレポート

GTMをプレビューモードにし、サイトにアクセスしてみてください。しばらくすると、リアルタイムレポートに自身のアクセスがカウントされます。

◯ タグを公開する

プレビューモードで検証を行い、リアルタイムレポートで計測できていることを確認できたら、GTMで実装したタグを公開します。公開手順は、通常のGTMの操作方法と同じですので、操作方法の説明は割愛します。

GA4ではリアルタイムレポート以外のレポートでは、データが反映されるまで少し時間がかかります。サイト規模にもよりますが、公開した後、数時間経過すると、GA4の標準レポート画 面でも計測された数値が集計されていることを確認できます。

04 GA4の初期設定を最適化する方法

　ここでは、GA4の管理画面で行う設定項目のうち、すぐに設定できるものとして「自動イベント検出を管理する」「ドメインの設定」「内部トラフィックの定義」「データフィルタ機能」について説明します。

◯ 自動イベント検出を管理する

　GA4では、標準タグを導入するだけでページビューの計測だけでなく、ページスクロール、離脱リンクのクリック、YouTube動画に対する操作、ファイルのダウンロードといった様々なサイトで共通してみられるユーザー行動を自動計測する機能が備わっています。

　これらの設定は「自動イベント検出を管理する」の項目で指定できます。デフォルトでは、全ての項目が有効の状態となっているため、変更の必要はありません。ただし、何らかの理由で自動イベント検出を無効にしたい場合は、この設定項目を使い、1つずつ不要な項目を無効にできます。

　GA4管理画面から、作成したデータストリームを選択して、ウェブストリームの詳細を開きます。

　Googleタグの「タグ設定を行う」をクリックして、Googleタグ設定画面へ進みます。

「自動イベント検出を管理する」をクリックします。

必要に応じ、自動イベント検出を無効にします。

◯ ドメインの設定

「ドメインの設定」では、対象のデータストリームで計測する範囲をドメイン単位で指定します。ここで指定されたドメインをもとに「クロスドメイン設定を行うかどうか」「測定機能の強化イベントで、離脱クリックイベントの対象となるかどうか」が判断されます。クロスドメイン設定を行うべきか否かは、後続のChapterで解説しますが、ここではこのタグを設置したドメインを全て列挙する形で設定しておきましょう。

Googleタグ設定画面で「ドメインの設定」を選択します。

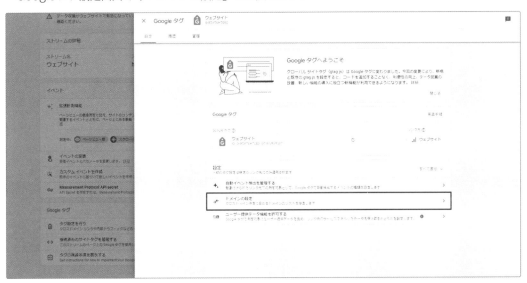

「条件を追加」をクリックします。

測定対象サイトのドメインを条件に指定します。

内部トラフィックの定義

　「内部トラフィックの定義」では特定のIPアドレスから送信されたイベントに対して、イベントパラメータを追加するための機能です。この機能と「データフィルタ機能」を組み合わせることで、レポートから社内関係者からのアクセスを除外できるようになります。

　Googleタグ設定画面から「すべて表示」をクリックします。

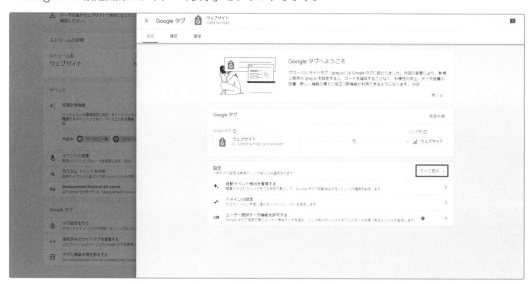

　「内部トラフィックの定義」をクリックします。

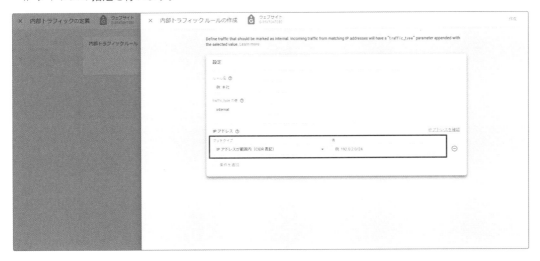

IPアドレスの指定を行います。

複数のIPアドレスを指定するときは、正規表現だけでなく、IPアドレスの範囲を表現するために用いられる「CIDR表記」を使うことができます。CIDR表記のIPアドレスが不明な場合は、情報システム部などIPアドレスを管理している部署に確認するようにしましょう。

◯ データフィルタ機能

「データフィルタ機能」では、デバッグモードで送信されたデバイスやブラウザからのイベントや、「内部トラフィックの定義」で設定したIPアドレスからのイベントを集計対象から除外する設定を行えます。

デフォルトで作成されたデータフィルタをクリックして編集するか、右上の「フィルタを作成」ボタンから新規作成を選択します。

次の画面は、内部トラフィックの除外を設定するための画面です。

この設定例では、イベントパラメータ「traffic_type」に「internal」という値が設定されているイベントを集計データから除外することを表しています。

イベントパラメータ「traffic_type」は、先述の「内部トラフィックの定義」と関連しており、内部トラフィックとして定義されたIPアドレスによるイベントに「internal」という値（どのような値を設定するかは、「内部トラフィックの定義」から変更可能）が設定されているため、この2つの設定項目により、内部トラフィックを集計データから除外できます。

ただし、デフォルトではこのデータフィルタは「フィルタの状態」にあるように「テスト」となっており、有効化されていません。フィルタが問題なく動作していることを確認できたら、フィルタの状態を「有効」に変更し、データフィルタの編集を完了しましょう。

同様に、デベロッパートラフィックのフィルタも設定することで、GTMなどで動作テストしているときのイベントも除外することが可能になります。

05 コンバージョンの設定

通常ウェブサイトでは、「アクセスしたユーザーにどういうアクションを行ってほしいか」（＝ウェブサイトの目的）を持って運営されていることがほとんどです。この「ユーザーに行ってほしいアクション」をコンバージョンと呼び、GA4で定義することで、GA4はコンバージョンが発生したユーザーを「価値のあるユーザー」として識別できるようになります。

コンバージョンイベントの設定

GA4でコンバージョンを設定するには、「ユーザーに行ってほしいアクション」をイベントとして計測し、その計測されたイベントを管理画面上で「コンバージョンとしてマークする」をオンにするだけで設定が完了します。

この方法は、既に該当のアクションが「イベント」としてGA4で計測されている場合に利用可能な方法です。ただし、イベントを実装した直後などでは、該当のイベントが表示されないこともあるので、その場合は数時間ほど待ってから設定するようにしましょう。

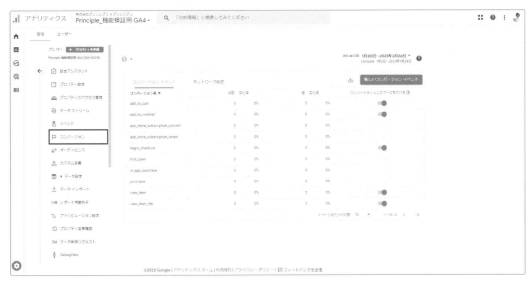

イベント作成を行ってからコンバージョン設定する（1）

「コンバージョンイベントの設定」では、既にイベントが計測されている場合のコンバージョン設定方法を説明しました。しかしながら、実際にはそもそも対象のアクションがイベントとして計測されていないことも多々あります。

そのような場合では、まず初めに「GA4でイベント計測されるようにする」ことが必

要です。GA4では、GTMなどを使いタグを直接実装する方法だけでなく、GA4の管理画面上でイベントを作成する機能が備わっています。管理画面上でイベントを作成する方法は、既存のイベントをもとに特定の条件を指定してイベントを作成できる機能となっており、GTMやプログラムコードを書く必要がなく設定が可能です。

　例えば、次のような設定でイベントを作成することで、URLに「thanks.html」を含むページを閲覧した（=page_viewイベントが発生した）ときに、「generate_lead」イベントを作成できます。

　この設定を行ったのちに、実際にウェブサイト上で該当の操作をしてみて、意図したイベントが送信されるか確認してみましょう。GA4でイベントが計測されれば、後は「コンバージョンイベントの設定」で説明した方法でコンバージョン設定を行うことが可能です。

⭕ イベント作成を行ってからコンバージョン設定する(2)

　「イベント作成を行ってからコンバージョン設定する（1）」で説明した方法でイベントを作成できる場合は問題ありませんが、一致条件が複雑なケースや、そもそももととなるイベントが計測されていないケースがあります。その場合、「イベントを作成」機能を使うのではなく、GTMやGA4タグを使って直接タグの実装を行う必要があります。

　GTMを使ったタグ実装であれば、データレイヤー変数、カスタムイベントなどを使うことでより柔軟にタグの実装を行えます。

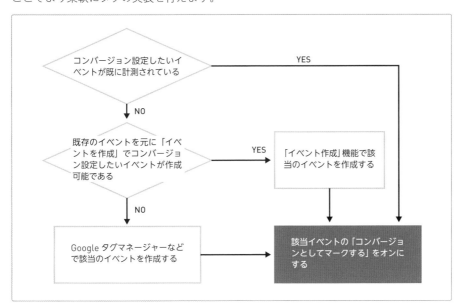

1

2

3

4

5

6

7

8

9

06 その他の設定項目

● チャネルグループ

チャネルグループは、流入元情報を一定のルールに従って分類して分析できるようにするものです。例えば、GA4でチャネルグループを利用せずに流入元分析をしようとすると、流入元（参照元／メディア）には以下のような情報が並びます。

- google / organic
- yahoo / organic
- google / cpc
- yahoo / display
- yahoo / cpc
- t.co / referral
- twitter / display
- youtube.com / referral
- lm.facebook.com / referral
- example.com / referral

細かな単位で分析することは可能ですが、全体像をつかむことは難しいです。チャネルグループでは、これらを「自然検索」「検索広告」「ディスプレイ広告」「ソーシャル投稿」「ソーシャル広告」「動画」などの単位でグループ分けし、そのグループ単位での流入元分析を行うことができます。

チャネルグループの設定は、管理メニューの「データ設定」＞「チャネルグループ」から行います。

このチャネルグループは、デフォルトで定義されているものに加え、自身で定義をカスタマイズすることも可能です。基本的には、デフォルトの設定のままでよいですが、分析をする中で、グループ分けを変更したい、といったニーズが出てきたときに設定するようにしましょう。

○ レポート用識別子

レポート用識別子とは、GA4が同一ユーザーを特定するために、どのような識別子を用いるかを表しています。多くのアクセス解析ツールでは、Cookieを識別子として用いていますが、GA4ではCookieに加えてその他の識別子も利用できます。GA4で利用できる識別子は次の通りです。

識別子	概要
ユーザーID	ウェブサイトやアプリで会員登録などにより発行され、ユーザーを識別可能なサイト・アプリ独自のID
Googleシグナル	Googleアカウントにログインしているユーザーから得られる情報をもとにした識別子
デバイスID	ウェブの場合ファーストパーティーCookieに格納される「クライアントID」、アプリの場合インストールされた端末ごとに発行される「アプリインスタンスID」
モデリング	上記の識別子が利用できないときのユーザー行動を推定により特定した識別子を利用する

これらの識別子の中から、上から順番に見ていき、利用可能な最初の識別子を採用しています。この中で、ユーザーIDは自動では計測されず、手動で計測設定を行う必要があります。また、Googleシグナルを利用する場合、GA4管理画面の「データ設定」＞「データ収集」から「Googleシグナルのデータ収集」を有効にする必要があります。

運営者のプライバシーポリシーにもよりますが、デバイスIDだけでなく、ユーザーIDやGoogleシグナルを採用することで、デバイスをまたいだユーザーの行動を計測しやすくなったり、Cookieの有効期限切れなどの理由でデバイスIDが変わってしまった際にも同一ユーザーの行動を計測できるようになります。

レポート識別子として何を利用するかは、次の3パターンから選択でき、その変更は、GA4管理画面の「レポート識別子」から行えます。

- 全て利用する（ハイブリッド）
- ユーザーID、Googleシグナル、デバイスIDを利用する（計測データ）
- デバイスIDのみを利用する（デバイスベース）

◯ データ保持

GA4では、Cookieやユーザー ID、広告 IDといったプライバシーに関わる情報に紐づく情報は、一定期間が経過すると削除されるような仕組みになっています。期間の設定は、管理メニューの「データ設定」>「データ保持」から行います。

削除するまでの期間は2ヵ月または14ヵ月から選ぶことができます（有償版のGA4を利用している場合は、更に26ヵ月、38ヵ月、50ヵ月も選択可能）。

「新しいアクティビティのユーザーデータのリセット」を、オンにすると、特定のユーザーからの新しいイベントが発生するたびにユーザー識別子の保持期間がリセットされます（したがって、有効期限はイベント発生時刻から保持期間が経過した時点になります）。そのユーザーが新しいアクティビティを行ってもユーザー識別子の保持期間をリセットしない場合

は、このオプションをオフにします。ユーザー識別子に関連付けられたデータは、保持期間の経過後に自動的に削除されます。

　イベントデータの保持期間は、レポート上は探索レポートのみに影響する項目であり、標準レポートには影響を受けません。ただし、データ保持期間は長いほうがデータ分析の自由度が高くなるため、自社のプライバシーポリシーなどを考慮した上で、できるだけ長いデータ保持期間を設定することをおすすめします。

◯ アトリビューション設定

　「アトリビューション」とは、コンバージョンの貢献度を流入元に対して配分することであり、その配分方法を「アトリビューションモデル」と言います。

　例えば、ユーザーが最初ウェブ広告により自社のことを知りウェブサイトに訪問したとします。そしてそのときは何もアクションは行わず、後日自然検索により再度ウェブサイトに流入し、購入を行った状況を考えてみます。コンバージョンの貢献度を直接購入につながった流入元のみに割り当てることはシンプルです。しかし、実際には全ての購入の貢献が一番最後の流入元だけにあるとは限らず、それよりも前の流入が購入に貢献していることもあります。そこで、ユーザーの一連の流入の中で貢献度を割り振る計算方法を決め、その計算方法に従って貢献度を計算します。

　GA4では、次のアトリビューションモデルを利用できます。

アトリビューションモデル	説明
データドリブン	Googleの機械学習によって、得られた結果をもとに、貢献度をそれぞれの流入元に割り当てる。
ラストクリック	コンバージョンに至る直前の流入元に全ての貢献度を割り当てる。
Google 広告優先ラストクリック	コンバージョンに至る前の最後のGoogle広告に対して全ての貢献度を割り当てます。ただし、Google広告からの流入が存在しない場合、ラストクリックのアトリビューションモデルと同一となります。

　以前は、上記以外に「ファーストクリック」「線形」「接点ベース」「減衰」などのアトリビューション・モデルがありましたが、現在は上記の3つとなっています。アトリビューション・モデルを減らしたGoogleの意図はアナウンスされていませんが、「アトリビューション・モデルが多数あっても、分析者がどのモデルを使うべきか適切に選択することが難しい」「データドリブンでのアトリビューション・モデルの精度向上などにより他のモデルを採用するメリットが減った」ことにあると筆者は推測しています。

　データドリブン・アトリビューションでは、コンバージョンしたユーザーと、コンバージョンしなかったユーザーそれぞれの流入経路を比較することで、コンバージョンにつながりやすい経路を機械学習により割り出し、価値の高い流入元に対して貢献度を割り当てます。

　また、アトリビューションは、モデルの他に「ルックバック・ウィンドウ」による調整を行うことが可能です。ルックバック・ウィンドウは、選択されたアトリビューションにおいて、どのくらいの期間過去に遡って計算を行うかを決めるためのパラメータです。

　例えば、次のようなユーザーがいたとします。

- 2022/09/01 Google広告から流入
- 2022/10/01 Yahooディスプレイ広告から流入
- 2022/11/01 Twitterの通常ツイートから流入
- 2022/12/01 Twitter広告から流入
- 2022/12/15 自然検索から流入し、コンバージョンを達成

　ルックバック・ウィンドウが90日間の場合、コンバージョンが発生した12月15日から遡って90日分、つまり上記における10月1日以降の流入がアトリビューション・モデルにおける計算対象期間となり、9月1日の流入はアトリビューション・モデルの計算に加味されません。

　アトリビューション・モデルやルックバック・ウィンドウは、次の画面から設定できますが、基本的には推奨とされている標準設定のままとすることをおすすめします。

計測されたデータの削除

　「GA4に個人情報を含むデータを送信してしまった」「サイトの利用者から自身の情報を削除してほしいという要請があった」などの理由で、GA4の計測データから一部のデータを削除しなければいけないケースが稀に発生し、GA4ではそのような際に計測データの削除ができます。

　イベント単位やパラメータ、ユーザープロパティ単位でデータ削除を行う場合は、管理画面の「データ削除リクエスト」から、データ削除リクエストのスケジュールを設定することで実施します。

　一方で、特定のユーザーに紐づく計測データを全て削除する場合は、探索レポートの「ユーザーエクスプローラ」から、削除したい特定のユーザーを探し出し、データの削除を行います。

　削除処理は、その場ですぐに完了するものではなく、削除されるデータの種類や量に応じて最大63日程度かかります。

　データ削除リクエストは誤った内容で行うと、意図しないデータの削除が行われる可能性があることと、一度削除が完了してしまうとデータの復元はできません。データ削除リクエストを利用する必要が発生した際は、再度公式ヘルプの情報を見返してリクエスト内容に誤りがないか確認し、細心の注意をはらって行うようにしましょう。

◯ ユーザー権限管理

　GA4は、1つのプロパティに対し、複数のユーザーに権限を付与し、複数人でレポート

を共有して閲覧できます。

　このとき、付与する権限のレベルとして「管理者」「編集者」「マーケティング担当者」「アナリスト」「閲覧者」の5つあり、この中からユーザーごとに権限レベルを選択して付与します。更に、オプションとして、権限を付与するときに「コスト指標なし」「収益指標なし」をオプションとして選択できます。

　5つの権限レベルのそれぞれでできることを表にまとめると次のようになります。

	管理者	編集者	マーケティング担当者	アナリスト	閲覧者
ユーザー管理を行う	○	―	―	―	―
プロパティの管理機能を設定する	○	○	―	―	―
一部のプロパティ設定を行う	○	○	○	―	―
探索レポートの利用	○	○	○	○	―
レポートデータの表示	○	○	○	○	○

　オプションとして利用できる「コスト指標なし」「収益指標なし」を選択すると一部の指標をそのユーザー向けに非表示にできます。

　「コスト指標なし」を選択すると、広告費に関わる指標（費用、クリック単価、コンバージョン単価、広告費用対効果など）を非表示にできます。非表示になる指標には、アカウント連携によって取り込まれたGoogle広告の費用だけでなく、データインポート機能により取り込まれた費用も対象となり、また広告費用から算出される指標も対象となります。

　「収益指標なし」を選択すると、収益に関わる指標（収益、商品の収益、払い戻し、ライフタイムバリュー、予測収益など）を非表示にできます。ここには、実際に得られた収益だけでなく、払い戻された（キャンセルされた）金額や、過去の行動データをもとに機械学習により得られた「予測収益」も対象となっています。

MEMO

筆者が過去に関わったお客様の中には、社外のビジネスパートナーにGA4の権限を共有する際に、「いくらくらいの広告費を投下しているか」を知られたくないときには「コスト指標なし」を利用するケースがありました。

Chapter 4

レポートの基本

本章では GA4 でレポーティングに取り組む上で、まず押さえておきたい基礎知識について解説します。GA4 のディメンションや指標、主要レポートの構成とその基本的な操作方法を見ていきましょう。

1

2

3

4

5

6

7

8

9

04

01 GA4のディメンションと指標

◯ ディメンションと指標とは？

　GAの全てのレポートは、「ディメンション」と「指標」の組み合わせで構成されています。

　下図のレポートでは、国別の「ユーザー数」や「エンゲージメント率」等の数値が確認できますが、「国」にあたる部分が「ディメンション」と呼ばれ、データを見る際の切り口を指します。「ユーザー」「エンゲージメント率」等の数値部分が「指標」と呼ばれます。

国 ▼ 　　　　＋	↓ ユーザー	新規ユーザー数	エンゲージのあったセッション数	エンゲージメント率	エンゲージのあったセッション数（1ユーザーあたり）
	65,203 全体の100%	55,336 全体の100%	78,758 全体の100%	87.53% 平均との差0%	1.21 平均との差0%
1　United States	39,689	34,064	49,117	88.1%	1.24
2　Canada	6,151	5,454	7,261	88.26%	1.18
3　India	5,817	4,959	6,994	88.26%	1.20
4　China	1,786	1,624	1,694	89.77%	0.95
5　Japan	1,050	743	1,197	75.19%	1.14

　　　　ディメンション　　　　　　　　　　　　　　　　指標

　この「ディメンション」と「指標」のバリエーションや定義を正しく理解していれば、GAのレポートを読み解けます。

　GA4ではこれまでになかったディメンション、指標が登場しています。この後は、GA4で新たに登場したものも含め、レポートを活用する上で押さえておきたい主要なディメンション、指標について見ていきましょう。

◯ GA4のディメンション

　まず、GA4のディメンションについて解説します。

▎主要なディメンション

　GA4のディメンションは本書執筆時点で160以上のバリエーションが存在しますが、利用頻度の高い主要なディメンションを紹介します。

カテゴリ	名称	定義	値の例
ユーザー属性	年齢	ユーザーの年齢層。ユーザー属性（年齢、性別、インタレストカテゴリ）は、Googleシグナルを有効にすると表示されます。	18-24/25-34/35-44/45-54/55-64/65+
	性別	ユーザーの性別。	female/male
	インタレストカテゴリ	ユーザーの興味や関心。インタレストカテゴリは、1ユーザーが複数のカテゴリにカウントされます。	Technology/Technophiles等
ユーザー行動	オーディエンス名	特定の行動をとったユーザーグループ。オーディエンスを作成すると自動的に表示されるようになります。	ブログ閲覧ユーザーを「BlogReader」としてオーディエンス設定した場合「BlogReader」
	新規/既存	指定した期間中に、遡って7日以内にサイト訪問があったかどうか。訪問がなかった場合は「新規」、訪問があった場合は「既存」。 従来の新規・リピーターの定義とは異なることに留意（実際は再訪問であっても、一週間以上休眠していたユーザーの場合は「新規」となります）。	new/established
地域	国	ユーザーのアクションが発生した国。地域情報（国、地域、市区町村）は接続しているインターネットのIPアドレス（スマートフォンであれば最寄りの基地局のIPアドレス）をもとに割り出していますが、地域情報は必ずしも正確ではないため参考まで。	Japan等
	地域	ユーザーのアクションが発生した地域。	Tokyo等
	市区町村	ユーザーのアクションが発生した市区町村。	ChiyodaCity等
ウェブサイト/デバイス	ウェブサイト	ユーザーがアクセスしたウェブサイト。ウェブサイト、または、Androidアプリ、iOSアプリのいずれかに分類されます。	ウェブ/Android/iOS
	デバイスカテゴリ	ユーザーがウェブサイトの閲覧に利用したデバイスの種類。PC、モバイル、タブレットのいずれかに分類されます。	desktop/mobile/tablet
	オペレーティングシステム	ユーザーがウェブサイトの閲覧に利用したデバイスのOSの種類。	Android,iOS,windows,Macintosh等
	ブラウザ	ユーザーがウェブサイトの閲覧に利用したブラウザの種類。	Chrome,Safari,Edge等
	言語	ユーザーがウェブサイトの閲覧に利用したブラウザで設定されている言語。	Japanese等
トラフィックソース	セッションのデフォルトチャネルグループ	訪問につながったチャネルグループ。「チャネルグループ」は流入経路の最も大きな分類で、メディアやソースの値によって、自動で分類されます。	OrganicSearch
	セッションのメディア	訪問につながったメディア。	organic
	セッションの参照元	訪問につながった参照サイト。	google
	セッションのキャンペーン	訪問につながったキャンペーン。	Google広告でキャンペーン「seminar」を実施した場合、「seminar」

カテゴリ	名称	定義	値の例
	最初のユーザーのデフォルトチャネルグループ	ユーザーを最初に獲得したチャネルグループ。 ユーザーの最初の流入経路(デフォルトチャネルグループ、メディア、参照元、キャンペーン)の詳細はChapter4-01の「GA4特有のディメンション」を参照ください。	OrganicSearch
	ユーザーの最初のメディア	ユーザーを最初に獲得したメディア。	organic
	ユーザーの最初の参照元	ユーザーを最初に獲得した参照サイト。	google
	ユーザーの最初のキャンペーン	ユーザーを最初に獲得したキャンペーン。	Google広告でキャンペーン「seminar」を実施した場合、「seminar」
イベント	イベント名	ユーザーのアクションの種類。GA4を導入すると自動的に収集される自動収集イベントのほか、拡張計測機能を有効にすると収集される拡張計測機能イベント、GTMからの実装が必要な推奨イベント(将来的なGA4アップデートを見据えて推奨されているイベント)、カスタムイベント(自社独自で自由にカスタマイズできるイベント)があります。	first_visit
ページ	ホスト名	ユーザーがアクセスしたウェブサイトのドメイン名。サブドメインがある場合はサブドメインが表示されます。	www.principle-c.com
	ページタイトル	ユーザーがアクセスしたウェブサイトで設定されているページタイトル。	会社情報|株式会社プリンシプル
	ページパス	ユーザーがアクセスしたウェブサイトで設定されているページURL。パラメータの除外設定をしていない場合は、パラメータごとにページが分かれて表示される。	/company/
	ページのURL(ページロケーション)	ユーザーがアクセスしたウェブサイトで設定されているドメインを含むページURL。	https://www.principle-c.com/
	コンテンツグループ	ユーザーがアクセスしたページグループ。コンテンツグループを作成した場合に表示されます。	設定していない場合は「(notset)」
	ページの参照URL	ユーザーがアクセスしたページの直前に表示されていたページ。該当ページの遷移経路を確認したいときに参照します。	トップページ(www.principle-c.com)から該当ページに遷移の場合は「/」
	ランディングページ	訪問時に最初に閲覧したウェブサイトの入り口となったページ。	トップページ(www.principle-c.com)から閲覧開始の場合は「/」

GA4特有のディメンション

続いて、GA4で新たに登場したディメンションについて更に詳しく見ていきましょう。

ユーザーの最初の流入経路

　Chapter1で触れたように、GA4はユーザー軸でライフサイクルを追いかけ、最初の接点となった流入経路はどこか、その後何回再訪やエンゲージメントが発生し、LTVはど

のくらい上がったのかといった、ユーザー軸のフルファネルでマーケティングを最適化していくことを目指したツールです。

　その特徴が出ているのが「ユーザーの最初の参照元」「ユーザーの最初のメディア」等の、「ユーザーの最初の」で始まる流入経路のディメンションです。ユーザーのライフサイクル全体の最初の接点を把握するための分析軸として登場したのが「ユーザーの最初の」で始まる流入経路のディメンションです。

　実際にレポート画面を確認してみましょう。集客配下に「トラフィック獲得」「ユーザー獲得」の大きく分けて2種類のレポートが存在します。「トラフィック獲得」が「そのセッションがどの経路から来たものか」を表す従来のセッション軸のレポートで、「ユーザー獲得」がGA4ならではのユーザー軸での最初のユーザー接点になった経路のレポートです。

　このレポートで、ユーザーの最初の流入経路のディメンションを利用し、何がきっかけで一番初めにサイトに接点を持ったのかその後、ライフタイム全体で何回再訪しているのか等を分析できます。

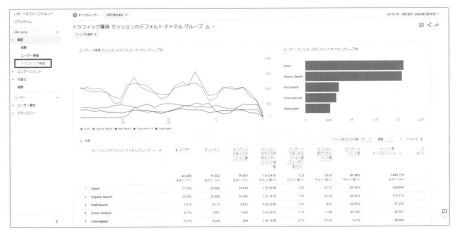

トラフィック獲得レポート

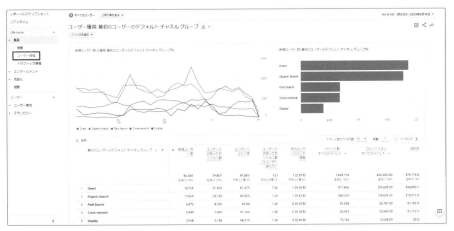

ユーザー獲得レポート

　なお、以降で紹介する探索レポートのディメンションの選択肢には、「セッションの」「ユーザーの最初の」が先頭につく流入経路のディメンション以外に、アトリビューションとい

うカテゴリに属する流入経路のディメンションが出てきます。

✕	**ディメンションの選択** 0/183 件を選択中	🔍 チャネルグループ
	すべて 3　事前定義 3　カスタム 0	

ディメンション名

∧　アトリビューション

☐　デフォルト チャネル グループ

∧　トラフィック ソース

☐　セッションのデフォルト チャネル グループ

☐　最初のユーザーのデフォルト チャネル グループ

　これはイベントスコープ（最も細かいイベント単位）のディメンションで、例えば1セッション中に、ディスプレイ広告から来訪し、その後自然検索で再訪した場合、「セッションのデフォルトチャネルグループ」ではディスプレイ広告、アトリビューションの「デフォルトチャネルグループ」ではディスプレイ広告、自然検索の2つの経路が、その順に評価の対象となります。ユーザー/セッション/イベントとスコープ（単位）の異なる流入経路のディメンションがあるため、アトリビューション分析など細かいヒット単位の分析をしたい場合は「デフォルトチャネルグループ」を利用する、ユーザー単位で最初の流入経路を見たい場合は「最初のユーザーのデフォルトチャネルグループ」を利用する等、分析の目的によって正しく使い分けていく必要があります。

● GA4の指標

　続いて、GA4の指標について解説します。

主要な指標

　GA4の指標は本書執筆時点で150以上のバリエーションが存在しますが、利用頻度の高い主要な指標を紹介します。

カテゴリ	名称	定義	値の例
セッション	セッション数	ウェブサイトの訪問数。自動収集イベントでウェブサイト利用開始時に発生する「session_start」のイベント数をカウント。	100
	エンゲージのあったセッション数	エンゲージメント（10秒以上滞在か、コンバージョンイベント発生、または、ページビューが2PV以上発生）したセッション数。	60
	エンゲージメント率	エンゲージのあったセッションの割合。 エンゲージのあったセッション数÷セッション数で算出。	60%
	直帰率	エンゲージのなかったセッションの割合。 100%-エンゲージメント率で算出。 ページビューが2ページ以上発生以外に、エンゲージの定義に含まれる、10秒以上滞在やコンバージョンイベント発生によっても非直帰となるため、従来の定義とは異なります。	40%

カテゴリ	名称	定義	値の例
	セッションあたりの平均エンゲージメント時間	セッションごとのエンゲージメント時間(ウェブサイトがブラウザでフォーカス状態にあった時間)の平均。エンゲージメント総時間÷セッション数で算出。	0分30秒
	セッションあたりのイベント数	セッションごとのイベント発生回数の平均数。イベント総数÷セッション数で算出。	3.5
	セッションのコンバージョン率	コンバージョンが発生したセッションの割合。コンバージョンが発生したセッションの数÷セッション総数で算出。	3%
ユーザー	アクティブユーザー	ウェブサイトに来訪し1秒以上画面を前面に表示したユニークユーザーの数。	70
	合計ユーザー数(総ユーザー数)	ウェブサイトに来訪し「session_start」イベントを含む、何らかのイベントが発生したユニークユーザーの数。基本的には全来訪ユーザーがカウントされる。	75
	新規ユーザー数	ウェブサイトに初回来訪したユニークユーザー数。自動収集イベントでウェブサイトの初回利用開始「first_visit」のイベントが発生したユーザーをカウント。	40
	平均エンゲージメント時間	ユーザーごとのエンゲージメント時間の平均。全エンゲージメントの総時間÷アクティブユーザーの数で算出。	0分50秒
	エンゲージメントセッション数(1ユーザーあたり)	ユーザーごとのエンゲージメントセッション数の平均。エンゲージのあったセッション数÷合計ユーザー数で算出。	1.5
	ユーザーあたりのイベント数	ユーザーごとの発生したイベントの平均。イベント数÷アクティブユーザー数で算出。	5.5
	ユーザーコンバージョン率	コンバージョンに至ったユーザーの割合。コンバージョンイベントの発生したユーザー数÷合計ユーザー数で算出。	4%
ユーザーのライフタイム	全期間のエンゲージメントセッション数	ユーザーがウェブサイト初回訪問以降に発生したエンゲージメントセッションの数。	2
	全期間のエンゲージメント時間	ユーザーがウェブサイト初回訪問以降に発生したエンゲージメント時間。	75
	全期間のトランザクション数	ユーザーがウェブサイト初回訪問以降に購入(トランザクション)の数。	1
	LTV	ユーザーのウェブサイト初回訪問以降の収益。	¥2,000
ページ/スクリーン	閲覧開始数	該当ページが訪問時に最初に表示された(「page_view」イベントの発生した)回数。	100
	離脱数	該当ページが訪問時に最後に表示された(「page_view」イベントの発生した)回数。	100
	表示回数	該当ページが表示された(「page_view」イベントの発生した)回数。ページがリロードされた場合も読み込まれた回数分カウントされます。	300
	ユーザーあたりのビュー	ユーザーごとの該当ページが表示された平均回数。表示回数÷アクティブユーザー数で算出。	4.3
イベント	イベント数	イベントの発生回数。	350
	コンバージョン数	コンバージョンとして設定されたイベントの発生回数。コンバージョン設定についてはChapter3-05を参照ください。	3
	イベントの値	イベントで指定したvalueパラメータの合計数。	100

1

2

3

4

5

6

7

8

9

カテゴリ	名称	定義	値の例
eコマース	アイテムリストの閲覧回数（アイテムリストのビューイベント数）	商品一覧ページが表示された回数。eコマース関連の指標はeコマースの設定をすると計測できます。	50
	アイテムリストのクリック数（アイテムリストのクリックイベント数）	商品一覧ページがクリックされた回数。	40
	アイテムリストのクリック率	商品一覧ページがクリックされた割合。	80%
	アイテムの表示回数（アイテムのビューイベント数）	商品の詳細ページが表示された回数。	40
	カートに追加	ユーザーがカートに追加した回数。	10
	チェックアウト	ユーザーが決済手続きを開始した回数。	7
	合計収益	ECでの商品購入（eコマースの「purchase」イベント）やその他アプリストアでの購入、広告収益等全てを含めた収益の合計額。	¥15,000
	購入による収益	ECでの商品購入（eコマースの「purchase」イベント）とその他アプリストアでの購入（「in_app_purchase」）も含めた収益の合計額。	¥13,000
	eコマースの収益	ECでの商品購入（eコマースの「purchase」イベントの発生）による収益の合計額。	¥10,000
	合計購入者数（総購入者数）	1回以上購入したユニークユーザーの数。	4
	初回購入者数	選択した期間中に初回購入を行ったユーザーの数。	3
	ユーザーあたりの平均購入収益額	ユーザー1人あたりの購入による収益の合計額の平均。	¥2,000
	eコマース購入数	ユーザーが購入手続きを完了した回数。	5

GA4特有の指標

　続いて、GA4で従来の定義から変更のあった指標や新たに登場した指標について、更に詳しく見ていきましょう。

ユーザー

　来訪ユーザー数を表す「ユーザー」は、来訪ユーザーを全てカウントしていた従来の定義とは異なり、GA4では1秒以上画面を前面に表示したアクティブユーザー数を指します。
　「画面を前面に表示」とは、具体的にはスマートフォンであればそのブラウザアプリが前面に表示されて操作できる状態、PCのブラウザでタブを複数開いているのであればそのページのタブが選択され前面に表示されている状態となっていることを表します。
　標準レポートの「ユーザー」は、探索レポート上では本稿執筆時点で「アクティブユーザー数」と表記されていますが同一指標です。また、探索レポート上には「アクティブユーザー数」以外に「総ユーザー数」という指標が存在しますが、「総ユーザー数」はサイトを訪れた全ユーザーをカウントする合計ユーザー数となります（1秒以内に画面を閉じてしまったユーザーも含まれるため、「アクティブユーザー数」より僅かに値が大きくなることが多い）。似たような呼び方の指標が多くややこしいですが、各レポートで表示される指標

名やそれぞれの定義を押さえておきましょう。

セッション

　訪問単位を表す「セッション」もGA4では従来と定義が異なります。

　GAがユーザーの同じ訪問（セッション）とみなす基準について、基本的には30分間操作がなければタイムアウトとなり次の操作からは別セッションとしてカウントされる点は従来と同じです。一方で、30分以内であっても次の条件に該当した場合、従来は別セッションの扱いでしたが、GA4では同一セッションと認識されます。

- ●別の参照元から再訪する
- ●日付をまたぐ

　では、参照元が切り替わってもセッションが継続するという定義において、30分以内に複数経路からサイトに来訪した場合にレポート上ではどのように表示されるのでしょうか。

　トラフィック獲得レポート上では、該当セッションの流入経路として最初の流入元が紐づきます。例えば、あるユーザーがディスプレイ広告でサイトに来訪後、30分以内に自然検索で再来訪した場合は、トラフィック獲得レポート上ではディスプレイ広告にセッションがカウントされます。

　1訪問中の再流入も分けて流入経路を見たい場合は、先ほど紹介したイベント単位の流入経路ディメンション（アトリビューションカテゴリの「デフォルトチャネルグループ」等）を探索レポートで利用することで確認できます。

エンゲージメント系指標

　一般的にマーケティングにおける「エンゲージメント」とは、サービスやブランド等に対する消費者の心理的なつながりのことを指しますが、自社サイトにおけるマーケティングにおいても、ターゲットユーザーに自社の広告やサイトコンテンツに触れてもらうことで、満足度を高めて継続的な関係性を築いていくことが重要です。

　GA4ではこの「ユーザーエンゲージメント」を計る指標が充実しています。エンゲージメントの基本指標となるのが「エンゲージのあったセッション数」です。サイトで10秒以上閲覧を継続するか、コンバージョンイベントが発生するか、またはページビューが2件以上発生したセッションの数を「エンゲージのあったセッション数」としてカウントします。

　エンゲージメントを計る指標の中でも特に注目したいのは、「エンゲージメント率」です。サイト来訪直後のパフォーマンスを計る目的で以前から利用されてきた「直帰率」に近い指標としてぜひ活用したい指標になります。

　「エンゲージメント率」の定義は、ページ遷移発生以外に10秒以上滞在したか、コンバージョンイベントが発生することでもエンゲージメントセッションとしてカウントされるという定義となっており、率の割合が高いほどポジティブに評価できます。「エンゲージメント率」では来訪直後のランディングページ上での行動も加味されることになるため、来訪直後のパフォーマンス状況をより精緻に計る指標となっていると言えるでしょう。

　なお、従来の「直帰率」についてもGA4でも引き続き利用できますが、厳密には従来とは定義が異なっています。従来はページ遷移が発生せずに離脱してしまった割合を指

していましたが、GA4では「エンゲージメント率」の逆の指標となり、計算式としては100%-エンゲージメント率で、来訪直後のページ上での10秒以上滞在、コンバージョンイベント発生等の場合も差し引かれて算出されます。

ライフタイム系指標

GA4は、ユーザーのライフサイクル全体を通したフルジャーニーでマーケティングを最適化することを目的としており、ユーザー単位でジャーニー全体を通した売上貢献やエンゲージメント状況の成果を計る指標が登場しています。

ECサイトであれば、「LTV」指標の登場に注目したいところです。「LTV」は一般的にLifeTimeValueの略で顧客から生涯にわたって得られる利益のことを意味します。ECサイトであれば最も重要な指標の1つになりますが、従来のGAにデフォルトでは用意されていませんでした。GA4ではeコマースの設定をすると自動的に取得され、レポート上でユーザーのジャーニー全体の収益貢献状況を確認できます。

一点留意点として、あくまでGA4で計測開始してからの累計となるため、CRMで管理している実顧客のLTVとは異なります。例えば、GA4を導入して間もないころは、ヘビーユーザーのLTVも少ない金額として算出されるでしょう。ユーザー側でCookieを削除した場合もまた新たなユーザーとしてLTV累計が算出されます。

実際のLTVデータを活用したい場合は、カスタムディメンションと呼ばれる機能を利用して、CRMの購買データをGA4に取り込むことも可能です。また、会員ログインの機能があり、カスタムディメンションに会員IDを取り込むことで、Cookieが削除された場合も同一ユーザーとして捕捉できます。

「LTV」以外に、「全期間の」が先頭につく指標（「全期間のエンゲージメントセッション数」「全期間のエンゲージメント時間」等）は、ジャーニー全体を通したエンゲージメント状況の成果を確認できる指標です。

これらのライフタイム系の指標は、後ほど紹介する探索レポートで「ライフタイム」のレポート形式を選択すると利用できるようになっています。

∧ ユーザーのライフタイム
☐ LTV
☐ 10 パーセンタイル
☐ 50 パーセンタイル
☐ 80 パーセンタイル
☐ 90 パーセンタイル
☐ 合計
☐ 平均
☐ ライフタイムのセッション数
☐ 10 パーセンタイル
☐ 50 パーセンタイル
☐ 80 パーセンタイル
☐ 90 パーセンタイル
☐ 合計

ユーザーのライフタイムの指標について、パーセンタイル、合計、平均で集計方法を選択できるようになっています。それぞれ、次の集計方法になります。

合計：全ユーザーの売上貢献の合計（LTV合計）
平均：ユーザーごとの売上貢献の平均（LTV合計÷ユーザーの合計数）
パーセンタイル：売上貢献下位から何パーセンタイルに位置するユーザーのLTV（累計売上の低い順にユーザーを並べて下位何%にランクしているユーザーのLTVを算出。例えば、90パーセンタイルを選択すると下位から90%にランクするユーザーのLTVを算出）

イベント数、コンバージョン

　Chapter3で紹介した通り、GA4はユーザー行動を全てイベントで計測します。セッション開始からページスクロール、動画再生、ダウンロード等、サイトやアプリ上でユーザーがとった行動回数が各イベントにイベント数としてレポート上で表示されます。また、コンバージョンイベントとして登録したイベントは、レポート上で「コンバージョン数」として集計されます。

　ただし、GA4の「コンバージョン」は従来のコンバージョン数と定義が異なります。従来のコンバージョン数は「コンバージョンの発生したセッション数」を意味しており、1回の訪問で何度もコンバージョンとなる行動をとってもコンバージョン数は1と記録されました。一方で、GA4では「イベント数」と同様にユーザーがとった行動を記録することが可能です。

　では、その場合、「セッションのコンバージョン率」の指標はどのように集計されるのでしょうか。

　「コンバージョン率」については、コンバージョンが発生したセッションの数÷セッション総数で算出されます。GA4のレポート上では、セッション、コンバージョン、セッションのコンバージョン率とそれぞれの指標を並べたときに「コンバージョン率」は単純にコンバージョン÷セッションとならないという点を覚えておきましょう。

　本書執筆時点で、コンバージョンの定義を従来どおり「コンバージョンの発生したセッション数」としてカウントすることも可能になりました。詳細は公式ヘルプを参照ください。

コンバージョンのカウント方法について
https://support.google.com/analytics/answer/13366706?hl=ja

　最後に、レポートに表示されるディメンションと指標について、Google公式ヘルプに最新情報が公開されています。新しいディメンション・指標の追加や名称や定義の変更等のアップデートも順次あるので、気になった際にすぐに確認できるようにブラウザのブックマーク等をしておくとよいでしょう。

GA4のディメンション・指標
https://support.google.com/analytics/answer/9143382?hl=ja

02
GA4のレポート構成

　ここからは、GA4のレポート構成について解説します。Chapter1で紹介したGA4デモアカウントを使って実際の画面を見ながら読み進めると理解が定着しやすいでしょう。

　GA4の画面を開いたら、まず始めに画面上部のプルダウンから確認したいプロパティに移動し、次に、左ナビゲーションから自身の目的にあったレポートメニューにアクセスします。

　左ナビゲーションに表示される、次の3つのレポート群について紹介します。

- レポート
- 探索
- 広告

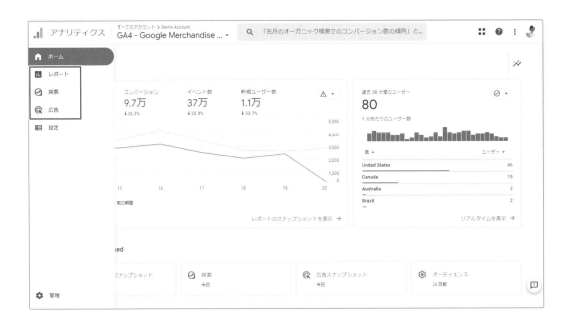

◯ 標準レポート

　GA4の「レポート」（本書では「標準レポート」と呼びます）は、集客やユーザー属性、エンゲージメントレポートなど、よく利用されるレポート群がデフォルトで用意されており、主要データを手軽に確認できます。

　自社に合わせたカスタマイズもできるので、慣れてきたらカスタマイズをしていくことで、定点的に確認したいデータにスムーズにアクセスでき、更に便利に活用できるように

なるでしょう。

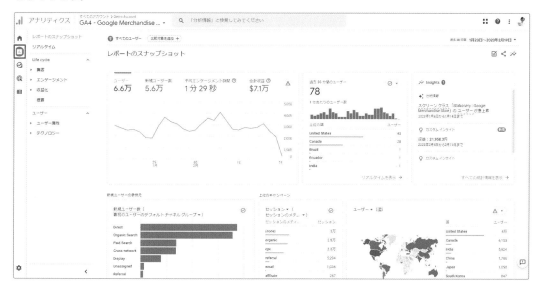

　一方で、標準レポートには「セグメント」の機能がありません。代わりに「比較」と呼ばれる機能がありますがあくまで簡易的な条件設定しかできないため、より分析を深めたいときは次に紹介する探索レポートを使っていきます。

探索レポート

　探索レポートは、BIツールのように目的に合わせてデータ分析を深められる機能です。数種類のテンプレートが用意され、セグメント機能も充実しており、様々なビジュアライズ、分析が可能です。

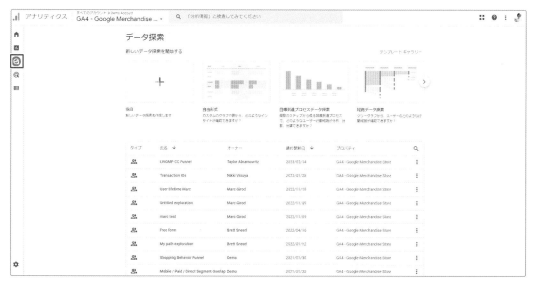

　一方で、柔軟にカスタマイズができる分、組み合わせるセグメント、ディメンションや指標によってはエラーが出る、意図しない数値が表示されないといったこともあります。

標準レポートを一通り理解し使いこなせるようになってから、次のステップとして本書を参考にしながら使い方を学んでいくとよいでしょう。

　自社の課題に応じて探索機能をアドホックな分析に活用する手法については、Chapter5以降の目的別リファレンスで詳しく紹介します。

◯ 広告

　広告ワークスペースは、集客施策のアトリビューション分析に特化したレポート群です。アトリビューション分析とは、ユーザーが最終的にコンバージョンするまでに間接的に影響を与えた施策の貢献度合いを可視化するための分析手法です。

MEMO

広告レポートを活用したアトリビューション分析の手法については、Chapter7で紹介します。

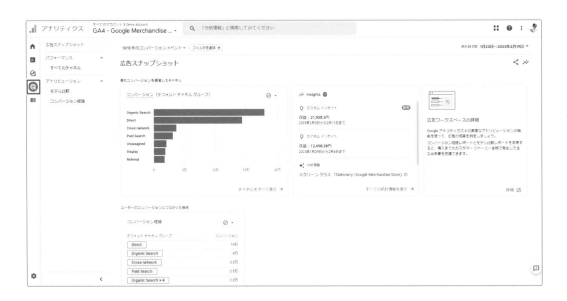

03 標準レポートの基本的な使い方

　標準レポートの構成や基本的な使い方を確認していきます。標準レポートは、次の構成になっています。

レポート名		概要
リアルタイム		直前に発生したアクティビティがリアルタイムでレポートに反映されます。SNS投稿の瞬間的な影響など、今のサイトの変化をリアルタイムで確認できます。
ライフサイクル	集客	集客経路(チャネル、メディア、参照サイト、キャンペーンなど)別のパフォーマンスを新規獲得、刈取りの目的別に確認できます。
	エンゲージメント	ユーザーエンゲージメントを計る指標の推移や、イベントやコンバージョンごとに詳細な発生状況を確認できます。ウェブページやアプリのスクリーン別のパフォーマンスも把握できます。
	収益化	収益、購入者数、平均購入額等の収益の発生状況をまとめたレポートです。商品カテゴリ、商品ごとの購入状況も確認できます。
	維持率	新規ユーザーのリピートを促す施策はどの程度効果的か、及びどれくらいの割合のユーザーがリピートしているかを確認できます。
ユーザー	ユーザー属性	年齢、地域、興味関心などの来訪ユーザーの属性や、ユーザー属性ごとのパフォーマンスの違いを把握できます。
	テクノロジー	デバイス、ウェブサイト等、ユーザーがどのような環境でコンテンツにアクセスしているかを確認できます。

　ここからは、「ユーザー獲得」レポートを見ながら、標準レポートの基本機能の使い方を紹介していきます。左ナビゲーションから「レポート」を選択し、「Life cycle」＞「集客」＞「ユーザー獲得」を選択します。

期間の変更

　ユーザー獲得レポートにアクセスすると、デフォルトでは、過去28日間のデータが表示されます。期間を変更するには、レポートの右上にあるプルダウンを使用します。1つのレポートの期間を変更すると、アカウントで次に表示する他のレポートの期間も同じ期間に変更されます。

ディメンションの切り替え

　ユーザー獲得レポートのディメンションは、デフォルトで「最初のユーザー獲得チャネル」が表示されています。

　集客施策をより細かい粒度で「参照元 / メディア」別に見たいといったケースなど、分析の粒度を変えたいときや、チャネルとキャンペーンの掛け合わせを確認するといった特定のディメンションをより深掘りしたいときに、プライマリディメンション（1列目の分析軸）とセカンダリディメンション（2列目の分析軸）の切り替えができるようになっています。

　GA4では次の箇所からプライマリ、セカンダリディメンションの切り替えができます。

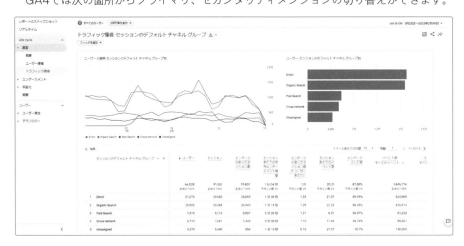

イベント・コンバージョンの選択

　次は指標の操作について見ていきましょう。ユーザー獲得レポートには複数の指標が並んでいますが、その中に「イベント数」「コンバージョン」という指標があります。GA4では、サイト内行動をイベントベースで計測しており、標準レポート上で指標として何件のイベントが発生したかを確認できるようになっています。イベントをコンバージョンイベントとして登録すると、何件のコンバージョンイベントが発生したのかも標準レポート上で確認できるようになります。

　このイベント数とコンバージョンの指標は、対象のイベントやコンバージョンを下図のプルダウンから選択できます。各ディメンションの切り口でどういった行動・コンバージョンが何件発生しているのかに絞って確認できます。

比較の適用

　GA4では「セグメント」は探索レポート限定の機能ですが、代わりに標準レポートに「比較」機能が追加されました。探索レポートのセグメントのように、細かい条件での抽出はできませんが、特定ディメンションの値によって簡易的なデータの抽出ができます。

　データをスマートフォンとPCで比較したい、自然検索経由の流入のみに絞り込みたい、といった場合にも「比較」機能を利用して手軽に設定できます。データスコープの指定など、より高度な条件設定をしたい場合は、セグメント機能の使える探索レポートを使う必要があります。

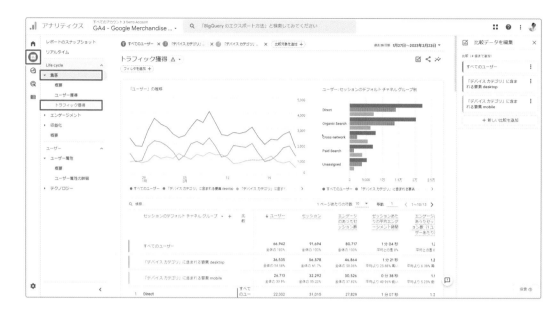

検索機能

　標準レポートには、検索機能も用意されています。ディメンションの上部の検索ボックスに特定ディメンションの値を入力することで、特定条件でディメンションの値を絞り込めます。

　ただし、従来のカスタムフィルタのように除外設定や、正規表現が使えなくなっています。こちらもより高度な条件設定をしたい場合は、探索レポートを併用していくとよいでしょう。

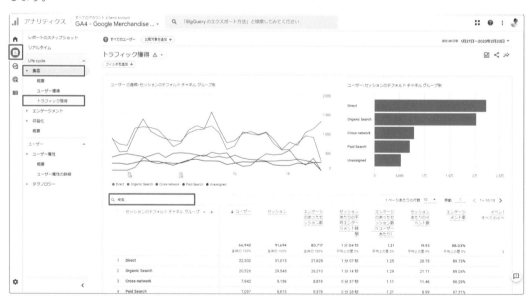

○ レポートの共有、ダウンロード

　GA4では、リンク共有やファイルをダウンロードできます。ファイルダウンロードは編集以上の権限がある場合のみに表示されるので、ナビゲーションが表示されない場合は、ご自身の権限を確認してみましょう。PDF形式、CSV形式でダウンロードができます。

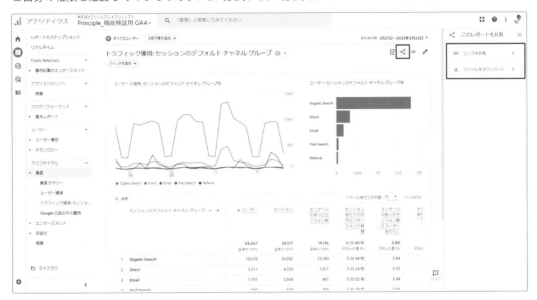

　なお、CSV形式でダウンロードし、そのままExcelで開くとデータが文字化けしてしまうことがあります。GA4からエクスポートしたCSVファイルの文字コードはUTF-8となっているため、次の通り文字コードを指定して開くことで文字化けが解消します。

① Excelで空白のブックを開く

② メニューから「データ」>「テキストまたはCSVから」を選択する

③ データの取り込み画面で、対象のCSVファイルを選択してインポートをクリックする

④ 元のファイルの文字コードを「UTF-8」が選択された状態で読み込みをクリックする

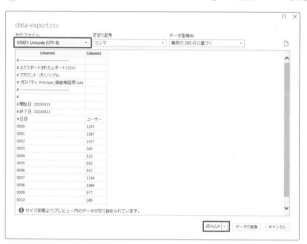

⑤ Excelで文字化けせずにファイルを開くことができた

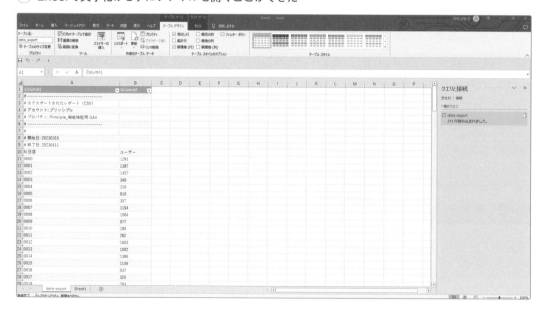

◯ レポートのカスタマイズ

　標準レポートは表示するグラフやディメンション、指標をカスタマイズできます。ある程度、自社で見るべきレポートが定まっている場合は、カスタマイズをすることで利便性が高まるのでぜひ利用してみてください。

　おすすめのカスタマイズとして「トラフィック獲得」レポートへの「セッションのコンバージョン率」の指標追加の手順を紹介します。流入経路ごとのパフォーマンス評価において「セッションのコンバージョン率」は重要な指標ですが、本書執筆時点、デフォルトでトラフィック獲得レポートの指標として表示されません。

　標準レポート右上のアイコンをクリックするとカスタマイズ画面が表示されます。レポートのカスタマイズは編集以上の権限が必要ですので、アイコンが見当たらない場合はご自身の権限を確認してください。

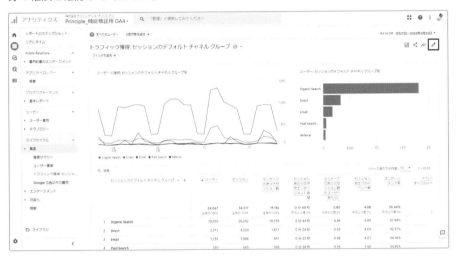

　レポートのカスタマイズ画面を開いたら、右のナビゲーションで指標をクリックし、「セッションのコンバージョン率」を選択します。

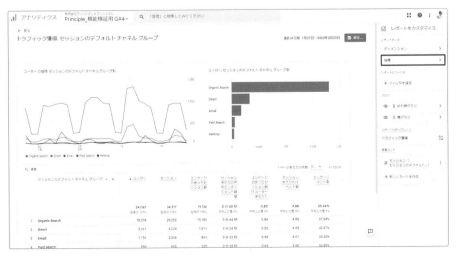

「現在のグラフへの変更を保存」をして標準レポートへ戻ると、指標に「セッションの
コンバージョン率」が追加されます。

コンバージョンイベントを複数の種類設定している場合は、指標名下部のプルダウンを
選択するとコンバージョンイベントごとにセッションのコンバージョン率が確認できます。

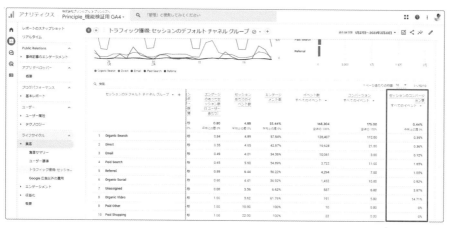

なお、レポートのカスタマイズは該当のアカウントに紐づくため、変更は該当のアカウ
ントを閲覧できる全てのユーザーのレポート画面に反映されます。複数のユーザーで利用
する場合は、利用者間で相談・共有しながらカスタマイズを行うのがよいでしょう。

また、同様の要領で、デフォルトの「ユーザー」「ライフサイクル」等のレポート群に加えて、
新しいレポート群（レポート群は「コレクション」と呼ばれます）を作成することもでき
ます。コレクションのカスタマイズは、左ナビゲーションの「ライブラリ」からアクセス
すると様々なカスタマイズが可能になります。

自社で分析したいテーマがあればよく見るレポートを集めて自社独自のコレクションを
作成するといったカスタマイズをしていくことで、更に標準レポートの利便性を高められ
ます。

04

探索レポートの基本的な使い方

　ここからは、探索レポートの基本的な使い方を説明していきます。実践的な活用方法はChapter5以降の目的別リファレンスで紹介しますが、まず探索レポートでどのような分析ができるのか概要を押さえていきましょう。Chapter1で紹介したGA4デモアカウントを利用して、ご自身のPCでGA4のレポート画面を開き実際に操作しながら読み進めていくと理解が深まります。

　探索レポートではいくつかのテンプレートが用意されており、自身のデータ探索の目的に合わせてテンプレートを選択します。

　各テンプレートの利用用途を紹介します。

手法		概要
　自由形式　カスタムのグラフや表から、どのようなインサイトが確認できますか？	自由形式	最も基本的なレポート形式です。表やグラフでの視覚化や行や列の自在な組み替え、複数の指標を並べて比較など、汎用性が高く、利用頻度の高いレポートです。
　目標到達プロセスデータ探索　複数のステップから成る目標到達プロセスで、どのようなユーザー行動経路が分析、分割、分類できますか？	目標到達プロセスデータ探索	任意の開始ページ、次のページ、到達ページでファネルを描けます。ユーザーにたどってほしい導線設計がある場合、どのステップで離脱しているのかを確認できます。
　経路データ探索　ツリーグラフから、ユーザーのどのような行動経路が確認できますか？	経路データ探索	任意のページから次のページへの遷移や、任意のページの前のページへの遷移について深掘りしていけます。特定のページを起点にしたユーザーのページ遷移の状況を把握できます。
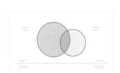　セグメントの重複　ユーザーのセグメントの重なりから、ユーザーの行動についてどのようなことがわかりますか？	セグメントの重複	コンテンツAを見て、コンテンツBも見たユーザーはどのくらいいるのか？といった、ユーザー側で作成した任意のセグメントについて重複の度合いを確認できるレポートです。

手法		概要
 コホートデータ探索 ユーザー コホートの行動の推移から、どのようなインサイトが確認できますか？	コホート データ探索	「ユーザーの初回訪問獲得日」を基準にユーザーをグループ化し、獲得した日（または週や月）の"後続"の日（または週や月）に発生したサイト訪問、トランザクション、コンバージョンなどを可視化します。
 **ユーザーのライフタイム** ユーザーのライフタイム全体を分析することで、どのようなことがわかりますか？	ユーザーのライフタイム	ユーザーライフタイムに関係するディメンション（初回ユーザー獲得日やメディア、キャンペーン）と指標（全期間のエンゲージメント時間、全期間のトランザクション数、LTV等）を利用できます。予測指標が使えます。
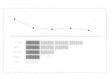 **ユーザー エクスプローラ** 個々のユーザー アクションを詳しく調べることによって、各ユーザーのどのような行動が確認できますか？	ユーザーエクスプローラ	個別のユーザーごとに、詳細な行動履歴を時系列で確認できます。例えば、平均購入額が異常に大きいユーザーの行動など、特定のユーザーの行動を詳細に把握したいときに利用します。

探索レポートへのアクセス

　探索レポートへ以下の通りアクセスし、自身のデータ探索の目的に応じてテンプレートを選択して、レポートの作成を進めていきます。

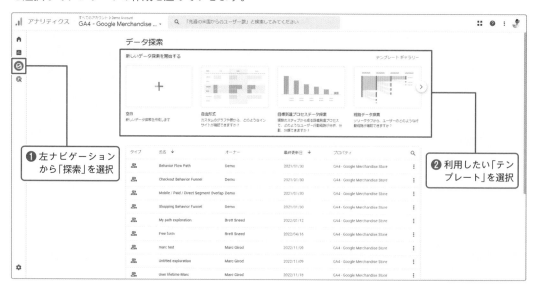

❶ 左ナビゲーションから「探索」を選択

❷ 利用したい「テンプレート」を選択

探索レポートの作成画面が開く

　ここからは、更に詳しく各テンプレートごとの利用方法を見ていきましょう。具体的な活用手法はChapter5以降の目的別リファレンスでも紹介しているので、併せて読むと理解が深まります。

○ 自由形式

　最も基本的なレポート形式で、利用頻度の高いレポートです。表やグラフでの視覚化や行や列の自在な組み替え、複数の指標を並べて比較などが可能です。

　自由形式のテンプレートを開いて、レポートを作成していきましょう。

　探索レポートでは、基本的には、左ナビゲーションの「変数」（必要な要素の追加）、「タブの設定」（見かけの設定）を設定してレポートをカスタマイズしていきます。

左枠 / 変数、右枠 / タブの設定

最初に、変数を設定します。「変数」はどの探索手法を選択しても、同じ構成となっており、主要な構成パーツは次の通りです。分析に利用したいデータ期間の指定や、セグメント、ディメンション・指標の追加ができます。

① 「変数」から分析に利用したいデータ期間の指定や、セグメント、ディメンション、指標の追加をする

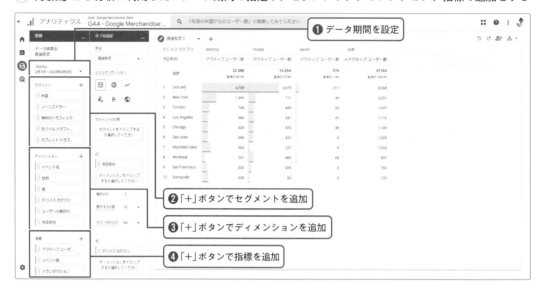

次に、「タブの設定」を進めます。「タブの設定」は、ご自身が選択するテンプレートやビジュアライゼーションの種類によって設定項目の構成が変わってきます。自由形式のテンプレートを選択すると、以降の項目が設定できるようになっています。

② 「タブの設定」から表示形式を指定する

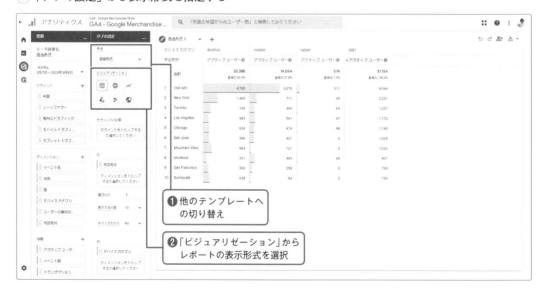

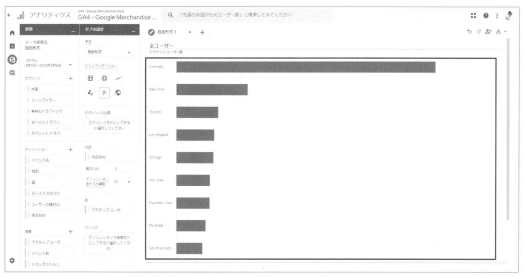

選択したビジュアリゼーションによって、「タブの設定」の設定項目やレポートの表示形式が切り替わる

③ 必要に応じて、セグメントを設定する（セグメントを設定しない場合はスキップ）

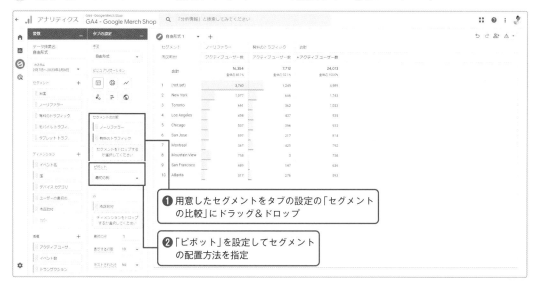

❶ 用意したセグメントをタブの設定の「セグメントの比較」にドラッグ＆ドロップ

❷ 「ピボット」を設定してセグメントの配置方法を指定

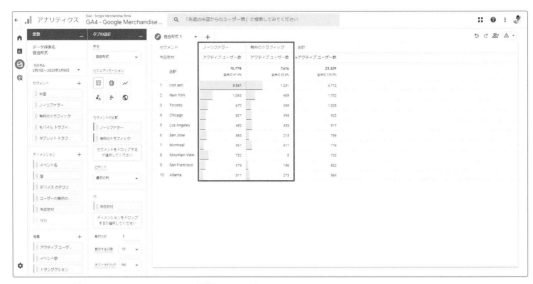

セグメントを追加すると、セグメントごとに数値を分けて確認できる

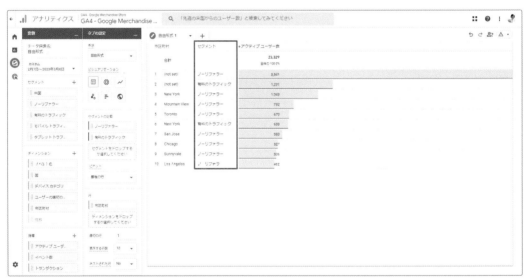

セグメントのピボットを「最後の行」にすると、行方向にセグメントが配置される

④ 「行」（表側）、「列」（表頭）に配置するディメンションを指定する

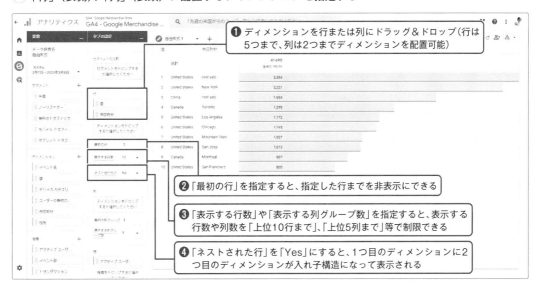

❶ ディメンションを行または列にドラッグ＆ドロップ（行は5つまで、列は2つまでディメンションを配置可能）

❷ 「最初の行」を指定すると、指定した行までを非表示にできる

❸ 「表示する行数」や「表示する列グループ数」を指定すると、表示する行数や列数を「上位10行まで」、「上位5列まで」等で制限できる

❹ 「ネストされた行」を「Yes」にすると、1つ目のディメンションに2つ目のディメンションが入れ子構造になって表示される

「ネストされた行」を有効にすると、「国」ごとに上位10位の「市区町村」が表示される

⑤ 指標を追加する

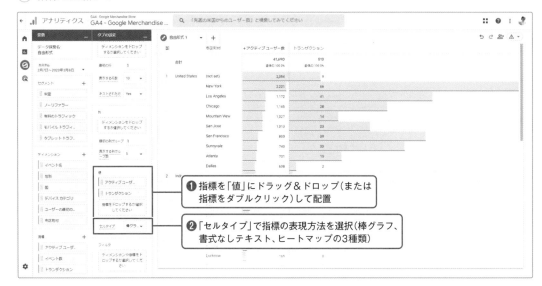

❶ 指標を「値」にドラッグ＆ドロップ（または指標をダブルクリック）して配置

❷ 「セルタイプ」で指標の表現方法を選択（棒グラフ、書式なしテキスト、ヒートマップの3種類）

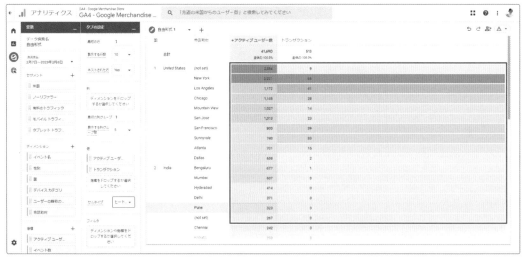

「セルタイプ」を「ヒートマップ」に切り替えると、棒グラフからヒートマップに表現方法が変わる

⑥ 必要に応じて「フィルタ」を設定する。探索レポートの「フィルタ」機能では、変数として追加したディメンションや指標でデータの絞り込みができる（ここでは、「市区町村」が「(notset)」となっている行を除外していく）

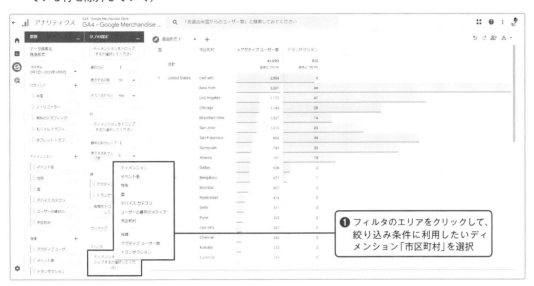

❶ フィルタのエリアをクリックして、絞り込み条件に利用したいディメンション「市区町村」を選択

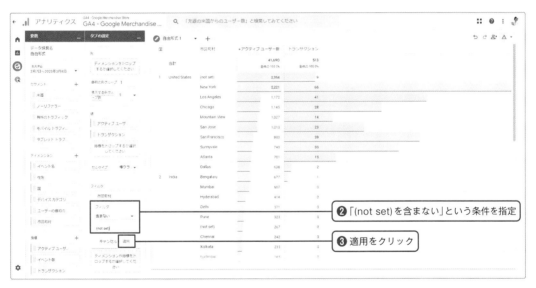

❷「(not set) を含まない」という条件を指定

❸ 適用をクリック

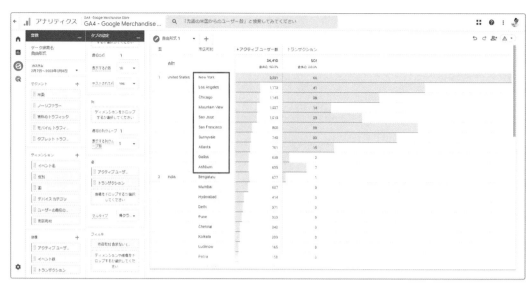

「(not set)」の行が除外されて表示される

　上記のように、必要な設定を終えると、自由形式のレポートが完成します。

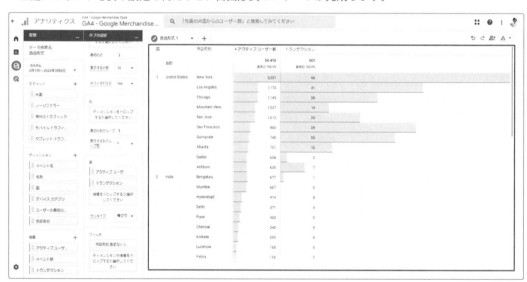

　汎用性の高いレポートテンプレートなので、ぜひご自身でビジュアリゼーションや行・列の組み替えなどを試しながら、レポーティングの目的に合ったより伝わりやすいレポート表現を見つけてみてください。

● 目標到達プロセスデータ探索

コンバージョンファネルを描くことができます。ユーザーにたどってほしい導線設計がある場合、どのステップで離脱しているのかを確認できます。

目標到達プロセスデータ探索のテンプレートを開いて、レポートを作成していきましょう。

目標到達プロセスデータ探索も左ナビゲーションの「変数」の構成パーツは同じですが、「指標」は編集できません。「タブの設定」では、目標到達プロセスデータ探索のステップ設定等、レポートの見かけをカスタマイズしていきます。

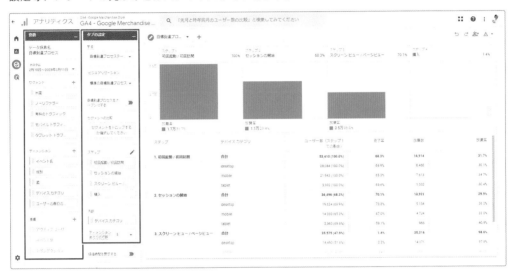

左枠／変数、右枠／タブの設定

① 「変数」から分析に利用したいデータ期間の指定や、セグメント、ディメンションの追加をする

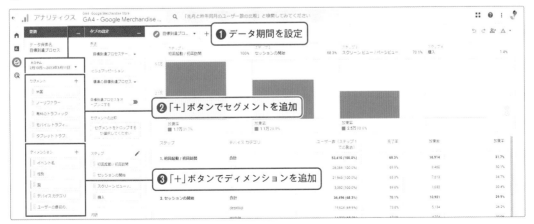

② 「タブの設定」から「ビジュアリゼーション」、「目標到達プロセスをオープンにする」を適宜変更

❷ 「目標到達プロセスをオープンにする」
を指定（有効化すると、途中ステップか
ら開始したユーザーも含めた数値になる）

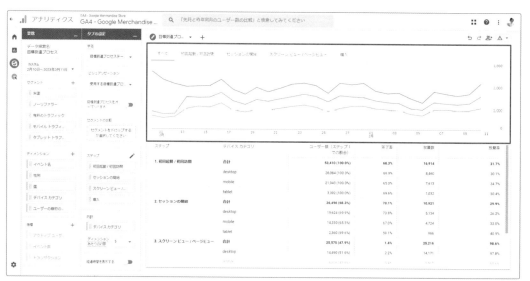

「ビジュアリゼーション」を「使用する目標到達プロセスのグラフ」に切り替えると、レポート上部の表示形式がステップ到
達数の日別推移の折れ線グラフに変わる（指定した期間中の各ステップ到達数の推移を確認したい場合に有効）

③ 必要に応じて、セグメントを設定する（セグメントを設定しない場合はスキップ）

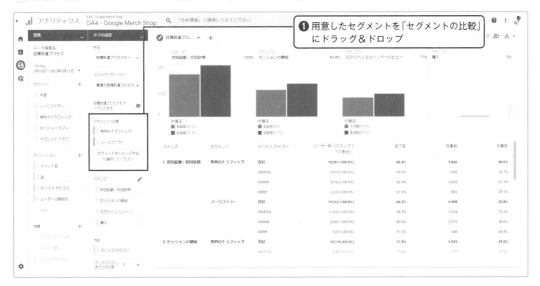

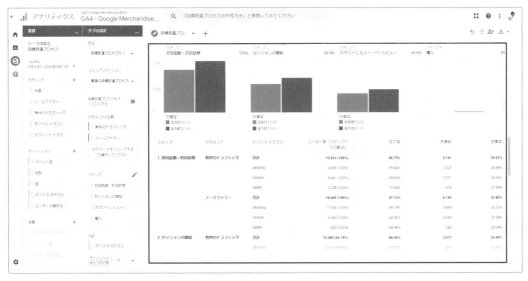

セグメントを設定すると、追加したセグメントごとにグラフや数値を分けて確認できる

　次に、目標到達プロセスデータ探索の各ステップを設定していきます。今回は、Google Merchandise Store にトップページから流入した後、「Sale ページ」を閲覧後にカート投入、購入したファネルを確認していきます。

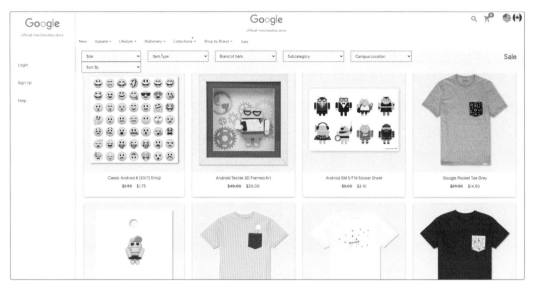

Google Merchandise Store の Sale ページ

④ ステップを設定する

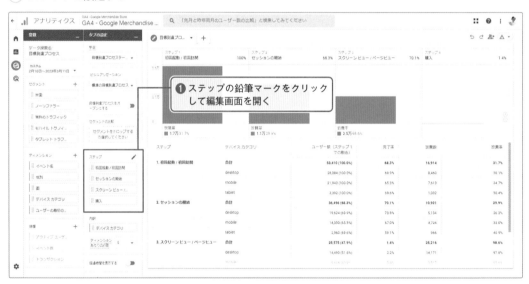

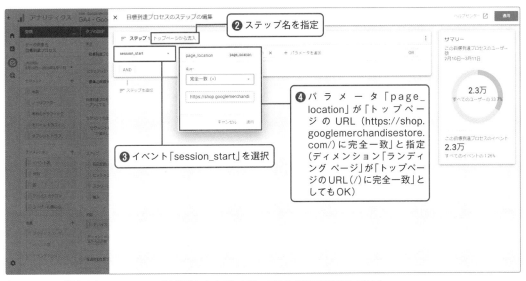

（デフォルトで設定されているステップを削除した上で）ステップ1から順番に設定していく

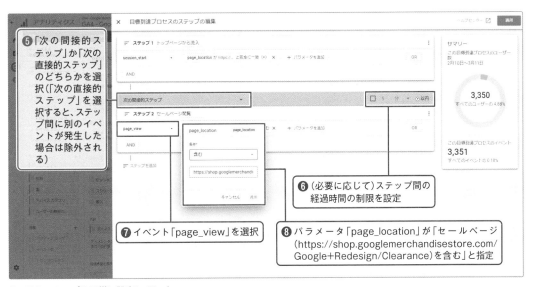

2つ目のステップも同様に設定していく

MEMO

「次の直接的ステップ」を選択すると、例えばトップページを流入後、スクロールしてセールページに移動した場合、スクロールイベントが間に発生するため、トップページ流入直後、セールページ閲覧というステップの条件からは除外されてしまいます。ページ間遷移をステップ指定したい場合は、基本的には「次の間接的ステップ」を選択するのがよいでしょう。

⑨ イベント「add_to_cart」を指定

⑩ イベント「purchase」を指定

⑪「適用」をクリック

残りのステップを同様に登録していく

⑤ （必要に応じて）内訳を変更する

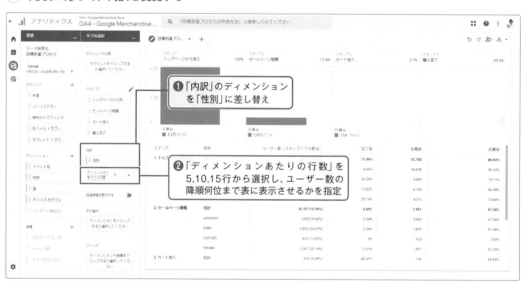

❶「内訳」のディメンションを「性別」に差し替え

❷「ディメンションあたりの行数」を5,10,15行から選択し、ユーザー数の降順何位まで表に表示させるかを指定

探索レポートの基本的な使い方

「内訳」を指定すると、指定したディメンションの値ごとに数値を分けて確認できる

⑥（必要に応じて）「経過時間を表示する」を有効化する

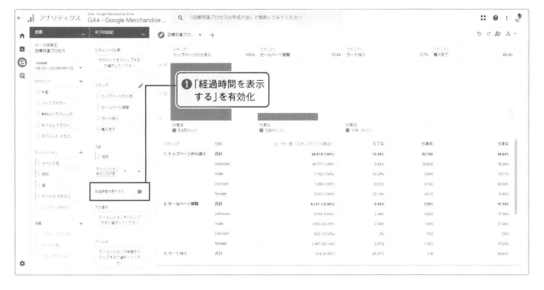

❶「経過時間を表示する」を有効化

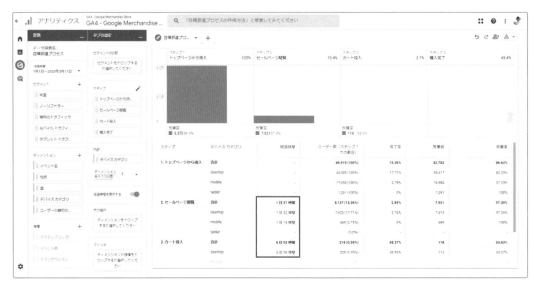

ステップ間の経過時間が表示される

MEMO

「ステップ間の経過時間」は、該当ユーザー群における平均経過時間となり、〇日以上など外れ値が含まれる場合が多々あり、単体だとやや参考にしづらい数値です。利用する場合は、「ステップ設定」のステップ間の経過時間の制限を30分以内に縛る等で、ステップ経過時間の制限と併用するとよいでしょう。

⑦ （必要に応じて）「次の操作」にイベント名を追加する

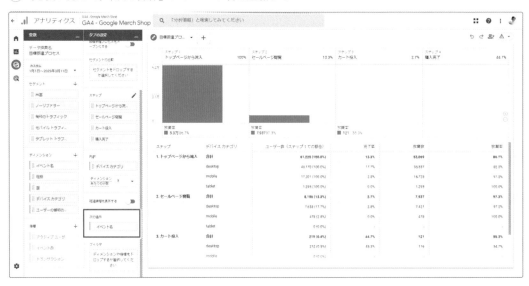

上部の各ステップの青いエリアをマウスオーバーすると、該当ステップの直後に発生したイベントアクションのトップ5が表示されます。

　上記のように、必要な設定を終えると、目標到達プロセスデータ探索のレポートが完成します。

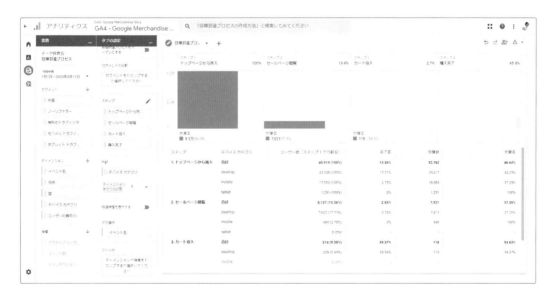

　目標到達プロセスデータ探索レポートは、各ステップを正しく指定することがやや難しいポイントですが、本書の目的別リファレンスも併せて参考にしていただき、主要アクションやページ閲覧等をステップとして指定するコツを押さえていきましょう。ユーザーにたどってほしい導線設計の検証や、コンバージョンファネル上のボトルネックの発見などに非常に有効なレポート機能です。

経路データ探索

　経路データ探索では、特定のページ閲覧やイベントアクションを起点としたその後のページ遷移や、特定のページ閲覧やイベントアクションを終点としたその前の遷移元の状況を把握することができます。

　経路データ探索のテンプレートを開いて、レポートを作成していきましょう。
　「経路の分析」でも、左ナビゲーションの「変数」で「＋」ボタンでセグメントの作成、ディメンション・指標の追加ができますが、利用できる指標はデフォルトで表示されている「アクティブユーザー」「総ユーザー数」「イベント数」の3つのみとなっています。「タブの設定」で、経路の表示形式等を編集していきます。

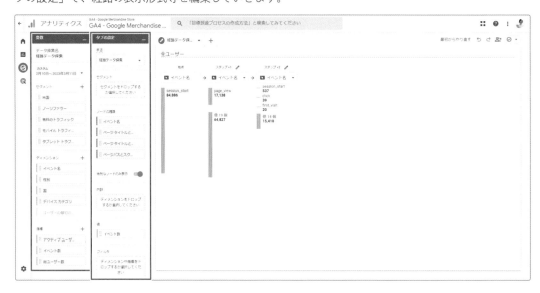

① 「変数」から分析に利用したいデータ期間の指定や、セグメント、ディメンションを追加する

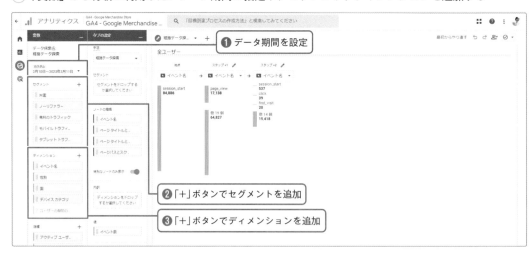

② 必要に応じて、セグメントを設定する（セグメントは1つのみ設定可能）

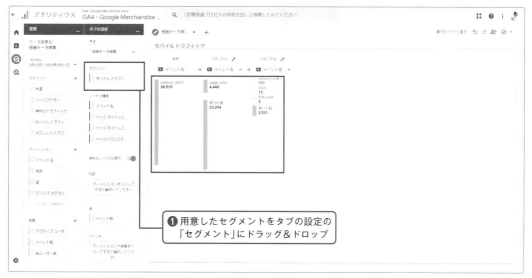

❶ 用意したセグメントをタブの設定の
「セグメント」にドラッグ＆ドロップ

追加したセグメントに絞り込んでデータを確認できる

　目標到達プロセスのノードを設定していきます。今回は、Google Merchandise
Store にトップページから流入した後のページ遷移経路を確認していきます。

③ まず、タブの設定を初期状態に戻してから、始点で「ページパスとスクリーンクラス」を「トップページ」（「/」）と指定する

❶「最初からやり直す」をクリック

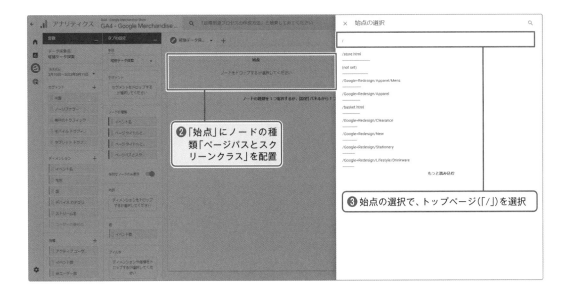

MEMO

ノードの種類は「イベント名」「ページタイトルとスクリーン名」「ページタイトルとスクリーンクラス」「ページパスとスクリーンクラス」の4種類。「スクリーン名」「スクリーンクラス」はアプリの画面を指すので、ウェブサイトの分析においてページタイトル別にノードを作りたい場合は、「ページタイトルとスクリーンクラス」「ページタイトルとスクリーン名」のどちらを選択してもOK。ページURLでノードを作りたい場合は「ページパスとスクリーンクラス」を選択します。

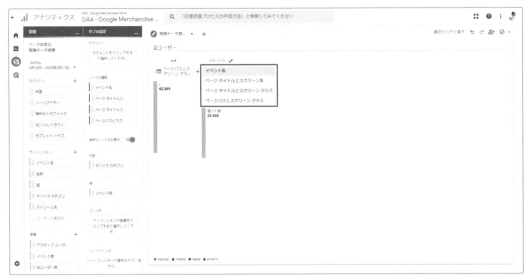

配置したノードの種類は、配置後も上記箇所から切り替えが可能

❹ ステップ＋1の鉛筆マークをクリック

❻「適用」する

❺「(not set)」(始点で指定したページ
を閲覧後に離脱)のチェックを外す

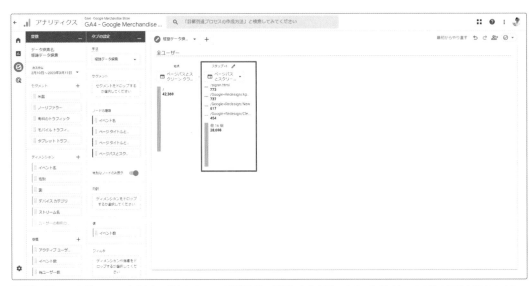

遷移数が多かった「(not set)」(始点で指定したページを閲覧後に離脱)を非表示にすることができ、その他の経路が見やすくなった

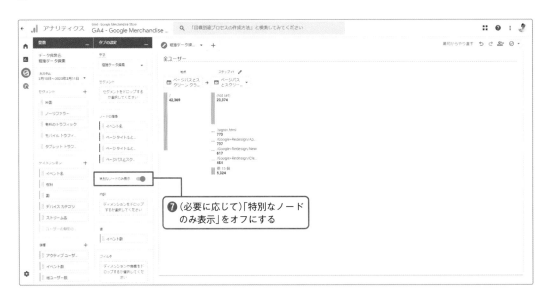

❼(必要に応じて)「特別なノードのみ表示」をオフにする

MEMO

「特別なノードのみ表示」が有効化された状態では、同一ページのリロード、同一のイベントアクションの繰り返しといった場合に、1回のページ閲覧、1回のイベントアクションとしてまとめて表示されます。重複アクションを個別に分析したい場合には、オフにしましょう。

④ （必要に応じて）内訳にディメンションを追加する（ここでは「デバイスカテゴリ」を設定してデバイス別に内訳が確認できるようにする）

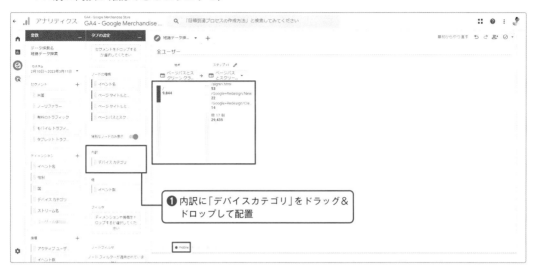

デバイスカテゴリ「mobile」をマウスオーバーすると、スマートデバイス経由の流入のみに絞ったデータが確認できるようになる

　上記のように、必要な設定を終えると、経路データ探索のレポートが準備できました。
この状態で、ステップ1の特定の遷移先から、更にどのように遷移しているか深掘りしていきます。

「トップページ」→「新着情報」の順に遷移した次の遷移先が展開して確認できる（同じ要領で、ステップ3、ステップ4…と、更に先の遷移先を深掘って確認することができる）

　経路データ探索を利用することで、主要なランディングページから想定通りの導線になっているか検証したり、ユーザーの行動を具体的に知ることで行動・心理への理解を深め、UX改善に活かしたりすることができます。ぜひ自社サイトでも活用してみてください。

○ セグメントの重複

　「セグメントの重複」は、コンテンツAを見て、コンテンツBも見たユーザーはどのくらいいるのか、といったユーザー側で作成した任意のセグメントについて重複の度合いを確認できるレポートです。

　「セグメントの重複」のテンプレートを開いて、レポートを作成していきましょう。
　「変数」で、セグメントの作成、ディメンション、指標の追加を行い、「タブの設定」で比較するセグメントの適用等のカスタマイズをしていきます。

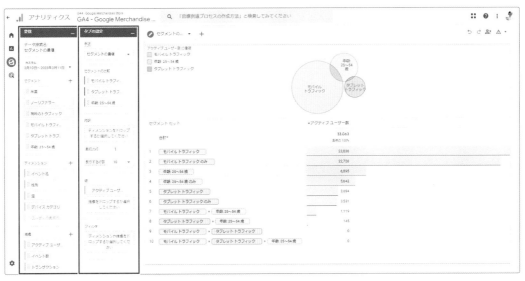

左枠 / 変数、右枠 / タブの設定

　ここでは、Google Merchandise Storeで新着商品一覧ページとSaleページについて閲覧ユーザーの重複度合いを確認していきます。

① 「変数」からデータ期間の指定や、セグメント・ディメンション・指標の追加を行う

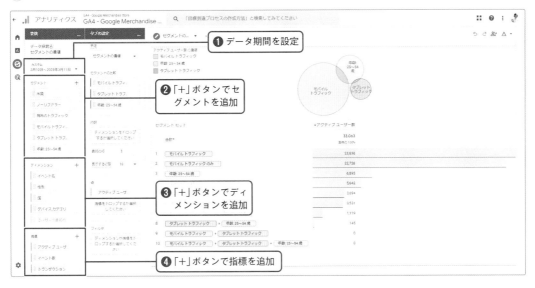

Saleページと新着商品ページそれぞれ、閲覧セッションのセグメントを作成

②　タブの設定の「セグメントの比較」に比較したいセグメントを配置する（セグメントは3つまで設定できる）

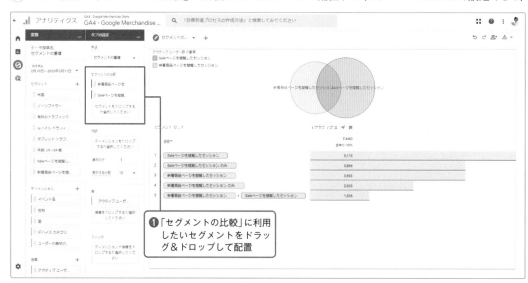

❶「セグメントの比較」に利用したいセグメントをドラッグ＆ドロップして配置

③ （必要に応じて）内訳にディメンションを追加する

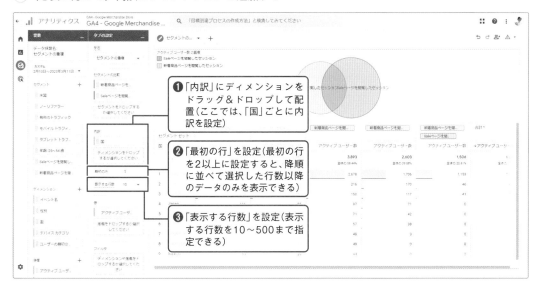

❶「内訳」にディメンションを
ドラッグ＆ドロップして配
置（ここでは、「国」ごとに内
訳を設定）

❷「最初の行」を設定（最初の行
を2以上に設定すると、降順
に並べて選択した行数以降
のデータのみを表示できる）

❸「表示する行数」を設定（表示
する行数を10〜500まで指
定できる）

④ （必要に応じて）値に指標を追加する

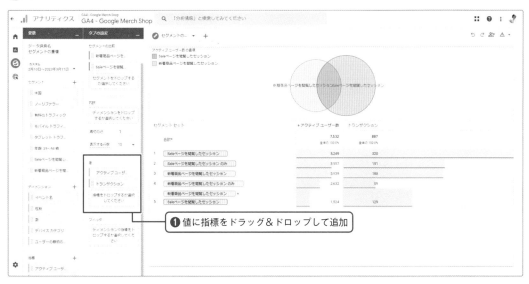

❶ 値に指標をドラッグ＆ドロップして追加

上記のように、必要な設定を終えると、セグメントの重複レポートが完成します。

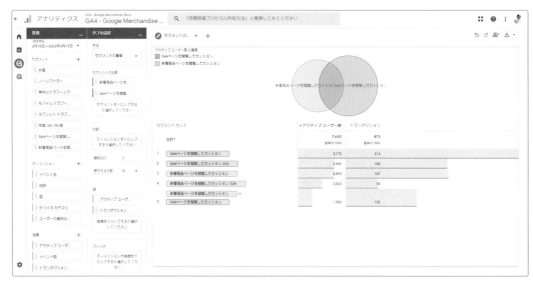

2つのセグメントの重複度合いがベン図で可視化される。また、それぞれのセグメントセットごとにコンバージョン（ここではトランザクション）に対する貢献度合いも確認できる

　セグメントの重複レポートを応用することで、閲覧コンテンツの重複だけではなく、PCとスマートフォンのデバイスや、ウェブとアプリのプラットフォームの重複利用状況も分析できます。利用頻度は少ないレポートですが、異なるセグメント間の重複度合いや相互関係を分析したいときにはぜひ利用してみてください。

◯ コホートデータ探索

　「コホート」とは共通した属性を持つユーザーグループを意味します。「コホートデータ探索」では、特定の条件に当てはまるユーザーをグループ化し、条件に初めて当てはまった日（または週や月）を基準としてその後の経過期間ごとにサイト訪問、トランザクション、コンバージョンの発生状況にどのような変化があるかを可視化します。

　コホートデータ探索のテンプレートを開いて、レポートを作成していきましょう。
　「変数」で、セグメントの作成、ディメンション、指標（一部のみ）の追加ができます。「タブの設定」でコホート（ユーザーグループ）の登録条件やレポートの表示形式を指定していきます。

左枠 / 変数、右枠 / タブの設定

① 「変数」から分析に利用したいデータ期間の指定や、セグメント、ディメンション、指標の追加を行う

データ期間の設定、セグメント、ディメンション、指標の追加

② （必要に応じて）タブの設定の「セグメントの比較」にセグメントを適用する（セグメントを利用しない場合はスキップしてOK）

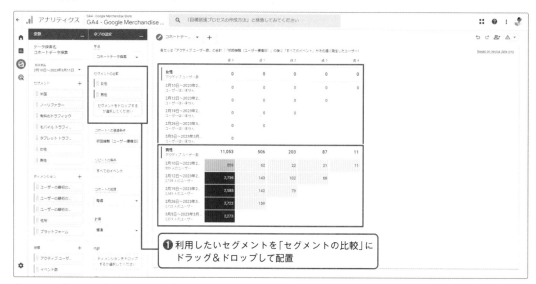

❶ 利用したいセグメントを「セグメントの比較」にドラッグ＆ドロップして配置

設定したセグメントごとにコホートレポートを分けて確認できる

③ コホートの登録条件やレポートの表示形式を設定する

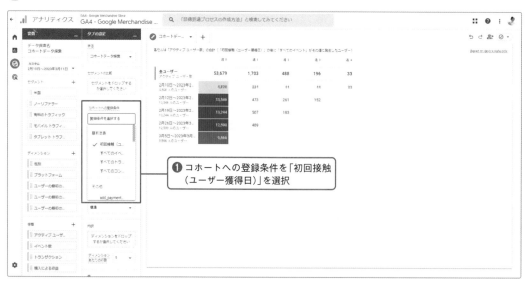

❶ コホートへの登録条件を「初回接触（ユーザー獲得日）」を選択

MEMO

コホートへの登録条件としては、初回接触（ユーザー獲得日）以外に、特定のイベントアクション、トランザクション、コンバージョンを指定でき、指定したアクションが初回発生した日を起点としてユーザーをグループ化することができます。

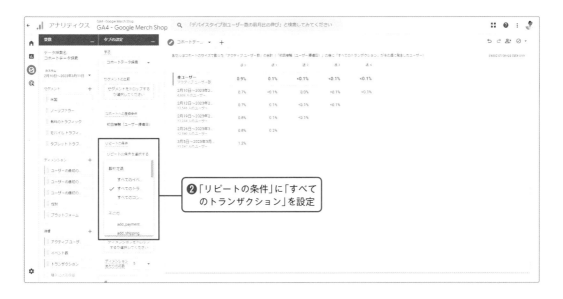

②「リピートの条件」に「すべてのトランザクション」を設定

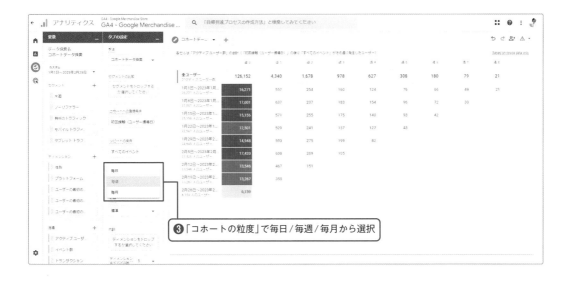

③「コホートの粒度」で毎日／毎週／毎月から選択

❹「計算」で標準／連続／累計のいずれ
　かを選択し、指標の計算方法を指定

MEMO

「計算」で「標準」を選択すると、リピート条件に当てはまる期間にそれぞれ指標をカウントする。「連続」はリピート条件に該当期間の前の期間から連続して当てはまった場合のみに該当期間に指標をカウントする。「累積」はリピート条件に当てはまった期間から指標を累積してカウントする。

④（必要に応じて）内訳を設定する

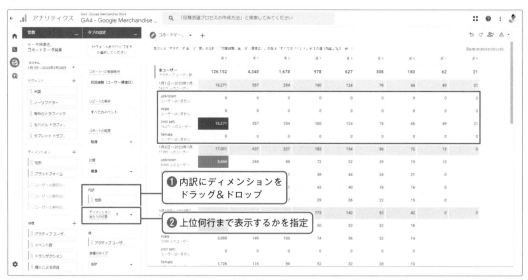

❶ 内訳にディメンションを
　ドラッグ＆ドロップ

❷ 上位何行まで表示するかを指定

内訳を設定すると、指定したディメンションの値ごとに分けてデータが確認できる

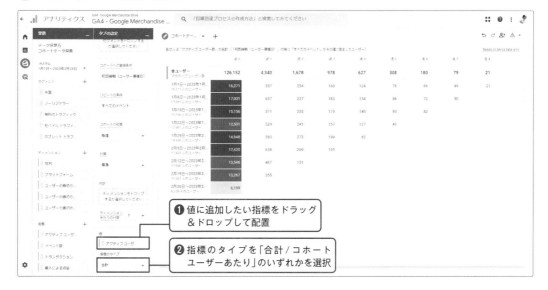

内訳を設定すると、指定したディメンションの値ごとに分けてデータが確認できる

⑤（必要に応じて）指標を変更する

❶ 値に追加したい指標をドラッグ
&ドロップして配置

❷ 指標のタイプを「合計／コホート
ユーザーあたり」のいずれかを選択

　上記のように、必要な設定を終えると、コホートデータ探索のレポートが完成します。

コホートデータ探索は、利用シーンが限られるレポートではありますが、利用するシーンとしては広告の成果検証が挙げられます。セグメントや内訳に広告キャンペーンを設定し、キャンペーン別に初回獲得後の再訪状況を比較することで、実施した広告が継続的な関係性構築につながっているかを検証することも可能です。上記の課題感のある方は一度使ってみるとよいでしょう。

○ ユーザーのライフタイム

ユーザーのライフタイムレポートでは、ユーザーライフタイムに関係するディメンション（初回ユーザー獲得日やメディア、キャンペーン）と指標（全期間のエンゲージメント時間、全期間のトランザクション数、LTV等）を利用できます。

「ユーザーのライフタイム」のテンプレートを開いて、レポートを作成していきましょう。「変数」で、ディメンション・指標の追加ができます。このテンプレートで利用できるディメンション・指標は限定されますが、他のテンプレートでは利用できないライフタイム系の指標が利用できます。「タブの設定」でレポートの表示形式を設定します。タブの設定「セグメントの比較」については、本書執筆時点でセグメントの配置はできますが、レポートの数値に反映されず動作しないため利用はしません。

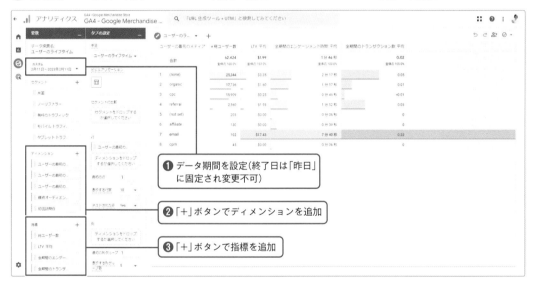

左枠／変数、右枠／タブの設定

① 「変数」から分析に利用したいデータ期間の指定や、ディメンション・指標を追加する

❶ データ期間を設定（終了日は「昨日」に固定され変更不可）

❷ 「+」ボタンでディメンションを追加

❸ 「+」ボタンで指標を追加

MEMO

ユーザーのライフタイムの「データ期間」は、選択した期間中にアクティブだったユーザーが抽出され、該当ユーザーのライフタイム全体の情報が表示されます。例えば「初回訪問日」をディメンションに設定した場合、まず選択した期間中にサイトに来訪したユーザーが抽出され、そのユーザーの設定した期間より前の行動も全て含めたデータが表示されます。よって「初回訪問日」は設定した期間より以前の日付の行も含まれ、設定した期間より前の行動も含めたエンゲージメント時間やLTV等の数値が算出されます。終了日は「昨日」に固定されており、変更することはできません。

② タブの設定で「行」にディメンションを追加し、表示形式を指定する

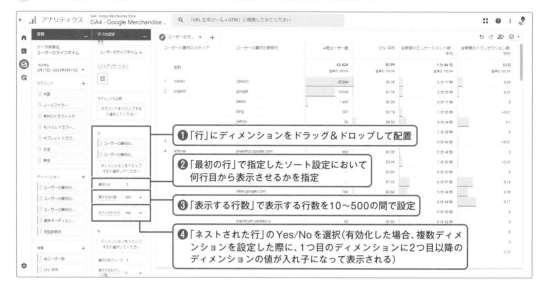

❶ 「行」にディメンションをドラッグ＆ドロップして配置

❷ 「最初の行」で指定したソート設定において
何行目から表示させるかを指定

❸ 「表示する行数」で表示する行数を10～500の間で設定

❹ 「ネストされた行」のYes/Noを選択（有効化した場合、複数ディメ
ンションを設定した際に、1つ目のディメンションに2つ目以降の
ディメンションの値が入れ子になって表示される）

③ （必要に応じて）「列」方向にディメンションを追加する

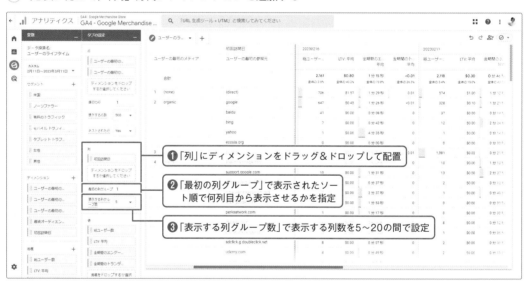

❶ 「列」にディメンションをドラッグ＆ドロップして配置

❷ 「最初の列グループ」で表示されたソー
ト順で何列目から表示させるかを指定

❸ 「表示する列グループ数」で表示する列数を5～20の間で設定

「列」にディメンションを追加すると、「列」（表頭）方向に配置される

④ 「値」に確認したい指標を配置して表示形式を指定する

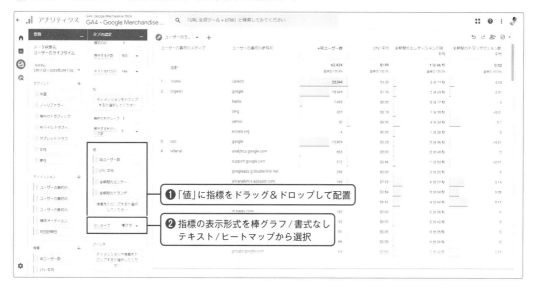

❶ 「値」に指標をドラッグ＆ドロップして配置

❷ 指標の表示形式を棒グラフ / 書式なし
テキスト / ヒートマップから選択

セルタイプで「ヒートマップ」を選択すると、数値の大小が色の濃淡で表現される

　上記のように、必要な設定を終えると、ユーザーのライフタイムのレポートが完成します。

　特に実施した集客施策がライフタイム全体の視点で見たときに、LTV最大化や継続したエンゲージメントなど期待する成果につながっているかを検証する際に利用したいデータ探索手法です。

　広告など集客施策のキャンペーン単位までブレイクダウンして確認できるので、各媒体・キャンペーンをライフタイム全体の観点で施策を評価し、予算アロケーションに活かしてみてください。

05

レポート上の各種制限について

GA4のレポートには、閲覧できるデータに各種制限が発生することがあります。

レポートを表示するたびにローデータから集計してVizを生成する仕組みの「探索レポート」と、集計済みのデータを用いてvizを生成する「標準レポート」とでは、もととなるデータソースに違いがあり、それぞれのレポートにおけるデータ制限が異なっています。

		探索レポート	標準レポート
データソース		集計処理を行う前のローデータ	一次集計済のデータ（1ユーザーごとの行動データは保持していない）
データ制限	データ期間	ユーザーデータの保持期間（デフォルトで2ヵ月間、または14ヵ月）の範囲のみ	ユーザーデータの保持期間を超えて閲覧可能
	セグメント	利用できる	利用できない
	サンプリング	サンプリングが適用される	サンプリングが適用されない
	データしきい値	データしきい値が適用される	データしきい値が適用される

○ データ期間

GA4では、プライバシー保護の観点でユーザーデータの保持期間が従来よりも短くなっており、デフォルトで2ヵ月間、または14ヵ月間を過ぎるとローデータがサーバーから自動削除される仕組みになっています。一方で、集計済みのデータは削除されずにサーバーに保存され続けます。

そのため、集計計済みデータを表示する標準レポートではユーザーデータの保持期間を超えたデータを確認できますが、都度ローデータを集計する仕組みの探索レポートでは、設定されたユーザーデータの保持期間内のデータしか利用できません。

より長い期間のデータを深掘り分析したい場合や、将来的に過去のローデータを利用する可能性がある場合は、GA4有償版（最大で50ヵ月ローデータが保持される）を利用す

るほか、データ保持期間の制限を一切受けないBigQueryにエクスポートしたデータを
BIツールで分析するといった手段も検討しましょう。

データのサンプリング

　レポートによってサンプリングの有無も異なります。「サンプリング」というのは、レポー
トの集計スピードを上げるために、ローデータ全てを参照するのではなく、一部のランダ
ムに抽出したデータをもとにした推定データが返される仕組みのことです。

　集計済みデータを表示する標準レポートでは、「サンプリング」が一切かかりません。
一方で、探索レポートでは、クエリごとに1,000万件のイベント上限を超えた場合にサン
プリングが発生します。イベント数が一定以上多いサイトの場合、集計期間を延ばしたり、
複雑なディメンション、セグメントを利用する場合にサンプリングが適用されやすくなり
ます。

　月数十万PV以上になると、期間を少し延ばしたり、ディメンションを切り替えるとサ
ンプリングが頻繁に発生する印象です。サンプリング度合いによっては、実態と差のある
データが表示されることもあります（全体から抽出するデータのパーセンテージが低いほ
ど、サンプリング度合いが強く推定の精度が低くなると判断できる）。サンプリング済みデー
タを利用する場合は、精緻な数値を確認するというよりは、全体の傾向を把握するという
意識で利用するのがよいでしょう。

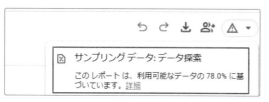

データしきい値

　標準・探索レポートともに、プライバシー保護の観点から一部の一定ユーザー数以下の
データ行が除外される「しきい値」が適用されます。レポートにユーザー数、ユーザーあ
たりのセッション数といったユーザー軸の指標が含まれている場合や、指定した期間のユー
ザー数が少ない場合に表示されます。

　データしきい値が表示された場合は、探索レポートを利用してユーザー軸の指標を外し
てセッション数などセッション軸の指標のみを組み合わせる、レポート期間を延ばしてユー
ザー数を増やすといった方法で解消することも可能です。

　特にサイトのページ数が多くロングテールとなっている場合、「ページとスクリーン」レポー
トのしきい値で多くの行が除外され表示される合計の表示回数が大きく減る場合がありま
す。正確な合計の表示回数を確認したい場合は、しきい値が適用されやすい「ページとス
クリーン」レポートの合計の表示回数ではなく、「イベント」レポートの「page_view」
イベントのイベント数（＝表示回数）を確認しましょう。

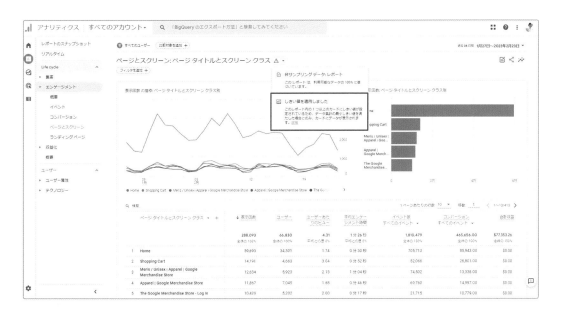

こういったデータ制限を受けず、できるだけ正確なデータを利用し分析を行いたい場合、BigQuery×BIツール（Tableau）の利用がおすすめです。BigQueryにどのユーザーIDの人がいつどのイベントを送信したかというのが全てローデータで格納されており、このローデータを直接利用するため、サンプリング、データしきい値、データ期間等の制限はありません。

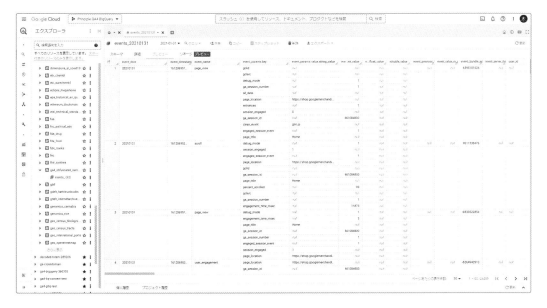

セグメント

先にご紹介した通り、詳細なデータの絞り込みの条件設定ができる「セグメント」機能ですが、探索レポートでのみ利用可能となっています。これも、レポート生成時に利用す

るデータソースの違いによるものとなっています。集計済みのデータでは、遡って詳細な条件による再計算ができないため、集計済みデータを利用する標準レポートではセグメント機能が利用できなくなっています。

　なお、GA4コネクタ（AnalyticsDataAPI）についても、ローデータではなく集計済みデータを使用しています。そのため、GA4コネクタを利用したサービス、例えば、レポーティングツール「LookerStudio」も標準レポートと同様にセグメント機能が利用できません。

　ここまで、様々なデータ制限についてご説明しましたが、各レポーティング手段によってはデータ制限がかかることを理解した上で、利用用途に応じて上手くレポートを使い分けていけるとよいでしょう。

Chapter 5

ユーザーを理解する

ここからは、目的別に GA4 の具体的な分析手法を紹介します。
ユーザー属性の把握や特定ユーザーの行動の深掘りといった、
ユーザーに焦点をあて自社の顧客について理解を深めるための
分析にチャレンジしていきましょう。

1

2

3

4

5

6

7

8

9

05

01 ユーザーを分析する

年代や性別、興味関心、国/地域といったユーザー属性は標準レポートの「ユーザー」>「ユーザー属性」で確認できます。自社のウェブサイトを利用するユーザーの解像度を上げることでよりターゲットに合った確度の高い施策のアイデアが生まれやすくなります。

● ユーザー属性のディメンション

「ユーザー」>「ユーザー属性」では、次のディメンションが利用可能です。

カテゴリ	名称	定義	値の例
ユーザー属性	年齢	ユーザーの年齢層。ユーザー属性(年齢、性別、インタレストカテゴリ)は、Google シグナルを有効にすると表示されます。	18-24 / 25-34 / 35-44 / 45-54 / 55-64 / 65+
	性別	ユーザーの性別。	female / male
	インタレストカテゴリ	ユーザーの興味や関心。インタレストカテゴリは、1ユーザーが複数のカテゴリにカウントされます。	Technology/Technophiles 等
地域	国	ユーザーのアクションが発生した国。地域情報(国、地域、市区町村)は接続しているインターネットのIPアドレス(スマートフォンであれば最寄りの基地局のIPアドレス)をもとに割り出していますが、地域情報は必ずしも正確ではないため参考まで。	Japan 等
	地域	ユーザーのアクションが発生した地域。	Tokyo 等
	市区町村	ユーザーのアクションが発生した市区町村。	Chiyoda City 等

年齢・性別やインタレストカテゴリのディメンションは、Google シグナルによるデータ収集を有効にすることで利用できます。次の画面の通り「プロパティ設定」>「データ設定」>「データ収集」をクリックし、「Google シグナルによるデータ収集を有効にする」をオンにすると有効化されます。上記のようなユーザー属性のディメンションを利用したい場合は、GA4導入後に初期設定として最初に行っておきましょう。

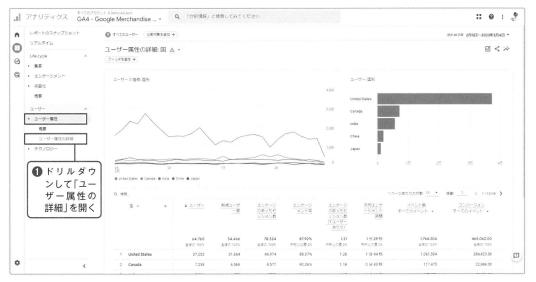

また、年齢・性別やインタレストカテゴリのディメンションは、そのユーザーが
Googleアカウントの登録情報や、インターネット上での行動履歴や検索したキーワード
からGoogleが推定した属性になります。そのため、全ユーザーの属性が判定できるわけ
ではなく「unknown」(不明)が過半数となる場合が多くなります。その属性の正確な
実数を把握するというよりは、属性ごとの比率やサイト上での振る舞いの違いといった傾
向を把握する目的で利用しましょう。

● 来訪ユーザーの年齢・性別を確認する

「ユーザー」>「ユーザー属性」>「ユーザー属性の詳細」で、ユーザー属性ごとのユー
ザー数やパフォーマンスを確認できます。ここでは性別と年齢を掛け合わせて確認してい
きましょう。

① 標準レポートの「ユーザー」>「ユーザー属性」>「ユーザー属性の詳細」にアクセスする

② プライマリディメンションはデフォルトで「国」となっているので、「性別」に切り替える

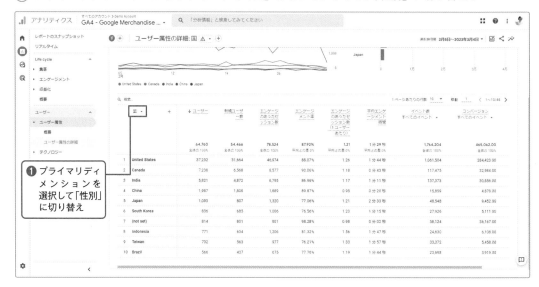

❶ プライマリディメンションを選択して「性別」に切り替え

③ セカンダリディメンションで、「性別」に「年齢」を掛け合わせる

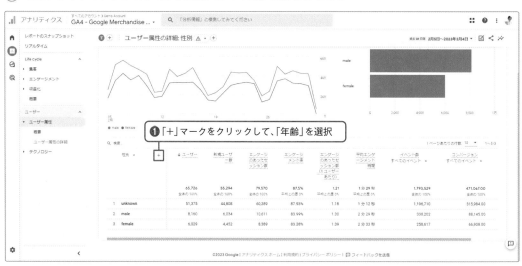

❶「＋」マークをクリックして、「年齢」を選択

性別・年齢別ごとのデータが確認できるようになりました。

	性別 ▼	年齢 ▼	✕	↓ ユーザー	新規ユーザー数	エンゲージメントのあったセッション数	エンゲージメント率	エンゲージメントのあったセッション数[1ユーザーあたり]	平均エンゲージメント時間	イベント数 すべてのイベント ▼
				65,726 全体の 100%	55,294 全体の 100%	79,570 全体の 100%	87.5% 平均との差 0%	1.21 平均との差 0%	1分 29秒 平均との差 0%	1,793,529 全体の 100%
1	unknown	unknown		51,375	44,808	60,389	87.93%	1.18	1分 12秒	1,196,710
2	male	25-34		2,499	1,740	3,103	82.05%	1.24	2分 16秒	110,558
3	male	18-24		1,915	1,387	2,414	84.26%	1.26	2分 14秒	70,843
4	female	25-34		1,756	1,180	2,343	81.1%	1.33	2分 53秒	81,251
5	male	35-44		1,682	1,164	2,139	83.13%	1.27	2分 26秒	84,989
6	female	18-24		1,517	1,028	1,980	81.85%	1.31	2分 17秒	68,838
7	female	35-44		1,025	701	1,364	83.22%	1.33	2分 36秒	41,952
8	male	45-54		958	665	1,309	87.79%	1.37	2分 38秒	40,646
9	male	unknown		615	442	738	86.93%	1.20	2分 18秒	18,309
10	female	unknown		509	481	796	86.71%	1.31	2分 05秒	23,767

　製品やサービスのターゲットとするユーザーや、今後狙いたいと思っている年齢層の流入ボリュームや利用状況はどうでしょうか。

　狙いたい属性のユーザー比率が想定外に少なければ、対象セグメントのユーザーを獲得する新たなプロモーションの検討が必要です。また、特定のセグメントでのユーザーは多いけれどもエンゲージメント率が低ければ、サイト側のコンテンツやキャンペーンの見直しが求められます。

　「ユーザー属性の詳細」レポートでは、ディメンションをインタレストカテゴリ、国/地域といったその他のディメンションに切り替えができます。様々な切り口を掛け合わせて、来訪ユーザーの解像度を上げていきましょう。

02

新規/リピーター別に分析する

　サービスの収益を最大化するためには、新規ユーザーを増やすこととリピート率を高めることの両方を、両輪で取り組んでいく必要があります。現状、自社のウェブサイトにおいて、新規/リピーターそれぞれどのくらいの割合のユーザーがいるのか、それぞれのユーザー数の流入状況を追っていきたいところです。

⬤ 新規/リピーター別のパフォーマンスを確認する

　新規/リピーターを区別して分析する際、GA4では「新規/既存」というディメンションが用意されていますが、一般的な新規・リピーターの定義とは異なることに留意が必要です。

　GA4の「新規/既存」のディメンションの定義としては、指定した期間中に、遡って7日以内に再訪問がなかった場合は「新規」、訪問があった場合は「既存」となります。実際は再訪問であっても、一週間以上休眠していたユーザーの場合は「新規」となります。

　「新規/既存」ディメンションは直感的に理解しづらいので、より直感的に理解できるように、探索レポートのセグメント機能を使って初めてサイトに来訪したユーザーと再訪ユーザーを分けて分析する方法を見ていきましょう。

① 探索レポートの「空白」のテンプレートを選んで作成開始する

② まず、新規ユーザーのセグメントを新たに作成する

① 「＋」マークをクリックして、新規セグメント作成

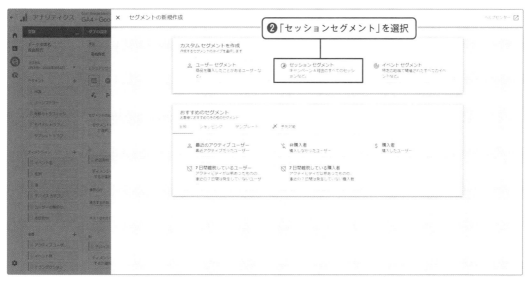

② 「セッションセグメント」を選択

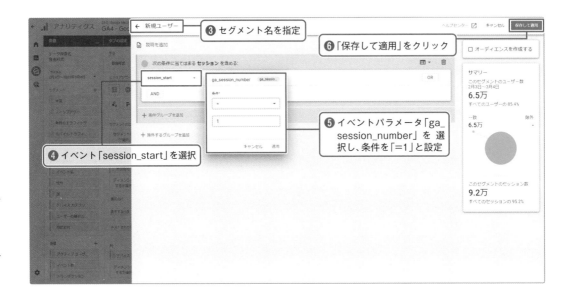

③ 同じ要領で、リピーターのセグメントを追加作成する

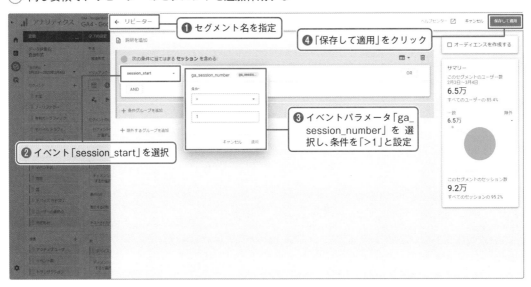

④ 変数として、確認したい期間と、指標に「セッション」「エンゲージのあったセッション数」「エンゲージメント率」「セッションあたりの平均エンゲージメント時間」を追加する

⑤ タブの設定で、セグメントの配置を行方向に指定して、確認したい指標を配置する

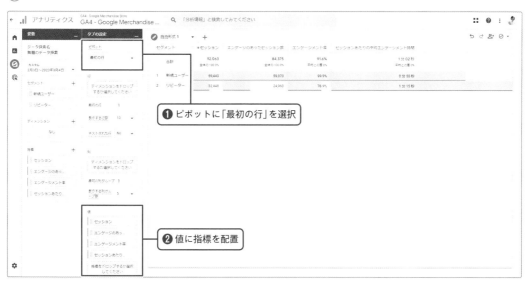

上記の設定を完了すると、このようなレポートが完成しました。

新規ユーザーとリピーターの利用状況はどうでしょうか。

　新規ユーザーが想定外に少なければ、新たな潜在顧客獲得のための認知施策を検討したいところです。また、新規ユーザーは多いが、エンゲージメント率が低く、リピーターの増加につながっていないようであれば、より自社にフィットしたユーザーを獲得できる集客施策の検討や、新規ユーザーのニーズに合わせたランディングページの改善などが考えられます。

● ユーザー数の推移を分析する(1)

　特定指標の推移を追いかける際に便利な、探索レポートの「自由形式」で折れ線グラフを使って、ユーザー数の推移を確認していきましょう。探索レポートで自由形式のテンプレートを選択し、次のように設定します。

① 探索レポートの「空白」のテンプレートを選んで作成開始する

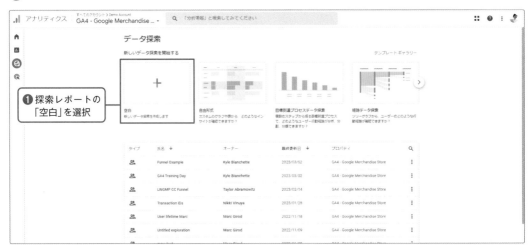

② 変数として、閲覧したいデータ期間を設定し、利用する指標「アクティブユーザー数」を追加する

③ タブの設定で、ビジュアリゼーションは「折れ線グラフ」を指定し、「月 / 週 / 日 / 時間」から任意の
粒度を選択。確認したい指標を配置し、異常検出機能を有効にする

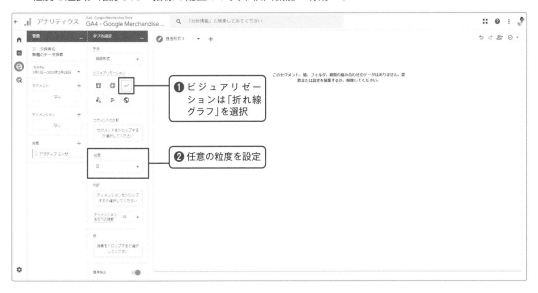

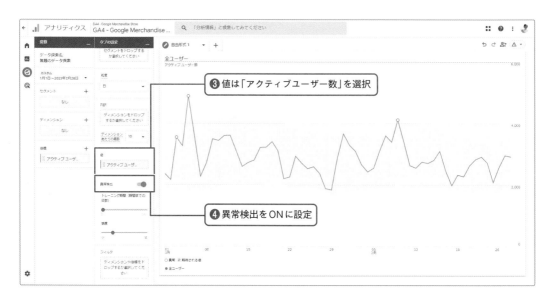

❸ 値は「アクティブユーザー数」を選択

❹ 異常検出をONに設定

上記の設定を完了すると、次のレポートが表示されます。折れ線グラフを利用すること
で、ユーザー数の推移が直感的に捉えやすくなりました。

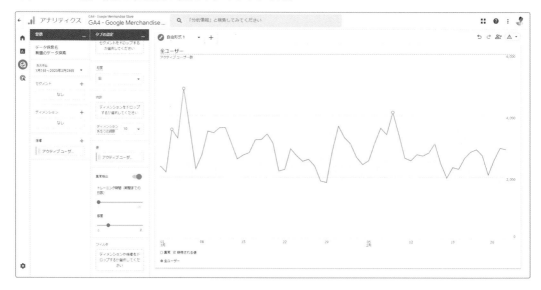

○ ユーザー数の推移を分析する（2）

　自由形式のテンプレートで「折れ線グラフ」を選択した場合のみ、「異常検出」の機能
が利用できます。次の図の印箇所が、ユーザー数が異常値として検出された日です。
　1月5日にユーザー数が急に増えたために異常値として検出されています。この日のユー
ザー数の増加要因を深掘りしてみましょう。

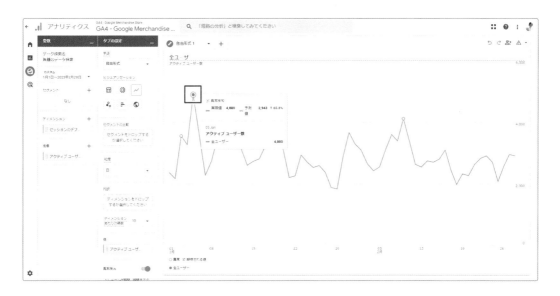

① 同じ探索レポートで「自由形式」で作成したグラフを複製して、別タブで深掘り分析用のレポートを
開く

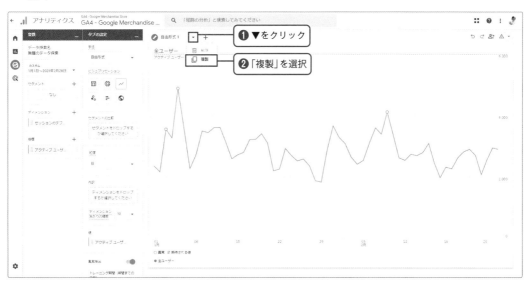

❶ ▼をクリック

❷ 「複製」を選択

タブ名の横にある「▼」をクリックして「複製」をクリック

② 変数として、ディメンション「セッションのデフォルトチャネルグループ」「ランディングページ＋クエリ文字列」を追加する

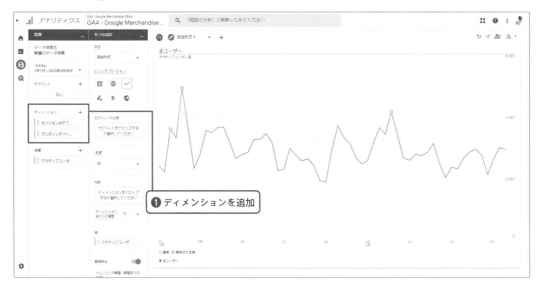

③ タブの設定で、内訳に「セッションのデフォルトチャネルグループ」を配置する

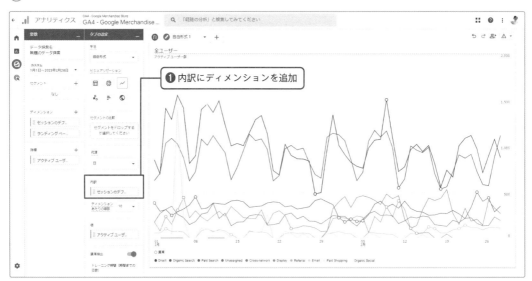

内訳に集客経路を設定したことで、集客経路別のユーザー数の推移を確認できるようになりました。

1月5日を見ると、Emailが増加要因となっていることがわかります。もう少し、Emailの急増について深掘って見ていきましょう。

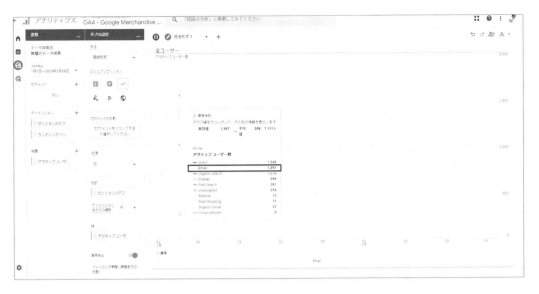

④ フィルタで、「セッションのデフォルトチャネルグループ」を「Email」のみに絞り込む

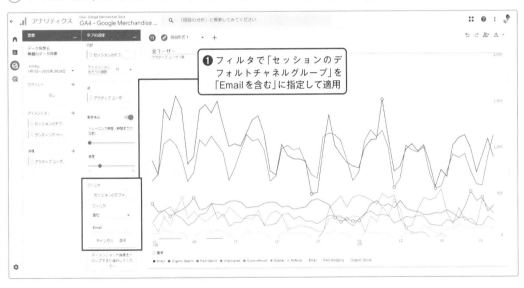

❶ フィルタで「セッションのデフォルトチャネルグループ」を「Emailを含む」に指定して適用

⑤ 内訳を「セッションのデフォルトチャネルグループ」から「ランディングページ＋クエリ文字列」に
切り替える

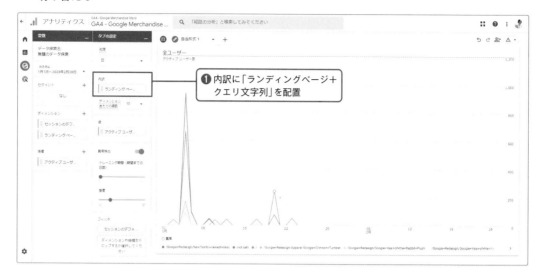

Emailからの流入について、更にランディングページ別に分けて確認できました。1月
5日を見ると、Emailから、Google Merchandise Storeの新着商品一覧ページに流入
が集中したことがわかります。

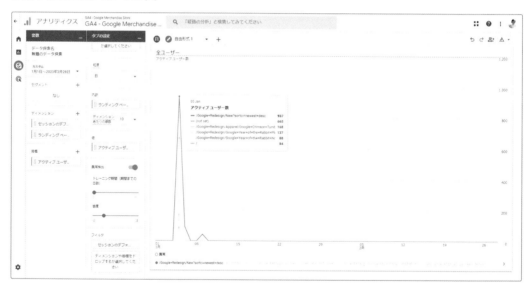

Google Merchandise Store の新着商品一覧ページ

　メールを読んだ会員ユーザーから特に注目された新商品があったのであれば、該当の商品をアプリのプッシュ通知など他のCRM施策に活かしていくことも検討できます。

　ユーザー数等の重要な指標を推移で追っていき、異変があれば、流入経路やランディングページ等のディメンションをかけて要因を探っていくというのは分析の定石ですが、この自由形式の折れ線グラフ形式を利用して、異常検出機能、内訳のディメンションやフィルタを活用することで、スムーズに異常値の深掘り分析ができるのでぜひ活用してみてください。

03

個別のユーザーを深掘りする

　通常、GAのレポート上では「流入経路ごとのセッション数」「ユーザー属性ごとのユーザー数」等、特定のディメンションごとの数値を確認できるようになっていますが、探索レポートのユーザーエクスプローラを利用すると、匿名化された個々のユーザーの詳細な行動を深掘って確認することが可能です。自社サイトでお問い合わせしたユーザー、特定の広告施策から流入したユーザーなど、特定の条件に当てはまるユーザーを個別にピックアップし、ユーザー個別の詳細を確認していきましょう。

● ユーザー個別の詳細を確認する

　ここでは、プリンシプルのサイトでGA4の研修サービスの広告キャンペーン（「GA4_training」）からサイトに初回来訪し、その後サービスの問い合わせをしてくれた顧客について、ユーザー個別の行動を見ていきます。

① 探索レポートで「ユーザーエクスプローラ」のテンプレートを選んでレポート作成画面を開く

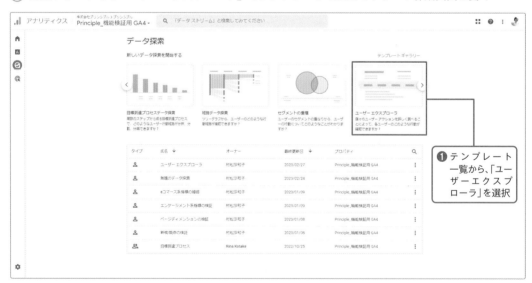

② 変数として、閲覧したい期間を設定した上で、「広告キャンペーン（「GA4_training」）からサイトに初回来訪し、その後サービスの問い合わせをしたユーザー」のセグメントを作成する

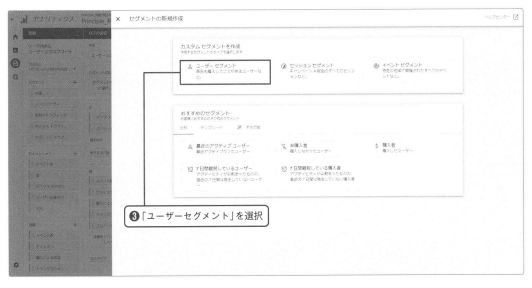

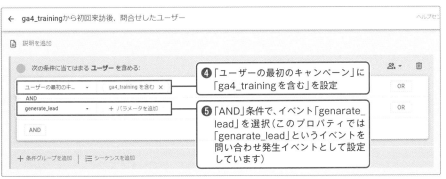

該当するユーザー数名を抽出できました。各ユーザーの「アプリインスタンスID」をクリックすると、詳細行動を深掘って確認できます。

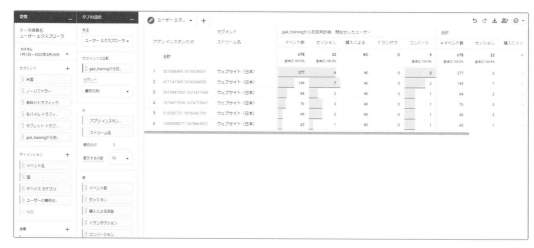

ユーザー個別の詳細行動レポート

　ユーザーエクスプローラで顧客の個別行動を見ていくことで、「GA4研修の広告キャンペーン経由でサービスページに流入してすぐに離脱。何度か再訪し、最終的には「実績コンテンツ」を熟読した後に問い合わせに至っている…」といったリアルなユーザー行動を確認できます。何度か再訪して検討を重ねた上で、最終的には「実績コンテンツ」がCVの後押しとなっているようであれば、「GA4研修の広告キャンペーン」で初回来訪したユーザーを「実績」訴求のリマーケティング広告で追いかけるといった施策も検討できます。

　全てのユーザー一人ひとりの行動を確認するのは現実的ではありませんが、特定のセグメントに当てはまるユーザーの行動を徹底的に理解したいときに、エクスプローラ機能を活用することでユーザー個別の行動を詳細に確認できます。該当セグメント内の10人でも行動を確認すれば、何かしら新たな施策が浮かぶはずです。特定セグメントのユーザー行動心理の理解を深めたい際に活用してみましょう。

04 特定オーディエンスを分析する

　GA4ではオーディエンスを作成することができます。オーディエンスとは「条件に合致した特定の属性や行動をしたユーザー」にラベルを付けたものと理解してください。

　作成したオーディエンスはGoogle広告でリマーケティング広告を掲載する際のターゲティングリストに活用できますが、それだけでなく、分析用のディメンションとしても利用できます。本節では、オーディエンスとしてラベルを付けたユーザー群がどのようなパフォーマンスをしているのかを確認する手法を紹介します。

　例えば、あるコーポレートサイトでは、過去にサイトから問い合わせを行ったことがある既存顧客のエンゲージメントを高めることをサイトの重要な目的の1つとしており、問い合わせを行ったことがあるユーザーに絞ってサイトの利用状況を確認したいと考えています。

　オーディエンスを活用して、問い合わせ済みユーザーに絞った分析方法を見ていきましょう。

● オーディエンスを作成する

　ここではオーディエンスの作成からレポートでの利用方法までを説明します。

① 管理画面でプロパティ設定配下の「オーディエンス」から「カスタムオーディエンスを作成する」を選択する

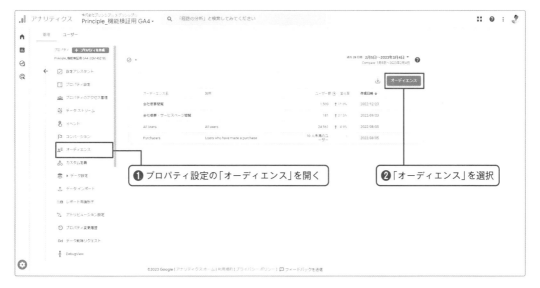

② 「問い合わせユーザー」のオーディエンスを次の通り設定する

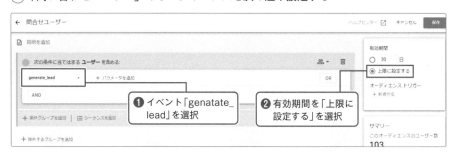

❶ イベント「genatate_lead」を選択

❷ 有効期間を「上限に設定する」を選択

　上記のオーディエンスリストにユーザーが蓄積されたら、レポート上で利用していきましょう。オーディエンスは、標準レポートの「比較機能」「フィルタ機能」のディメンションとして設定できる他、探索レポートのディメンションとしても利用できます。

● オーディエンスのパフォーマンスを確認する

オーディエンスのパフォーマンスを確認する方法として次の3つがあります。

1. 標準レポートの「フィルタ」機能の利用
2. 標準レポートの「比較」機能の利用
3. 探索レポートの利用

　本節では「問い合わせを完了したユーザー」という1つのオーディエンスを作成する例を紹介しましたが、実際にはオーディエンスは1つのプロパティに対して25個まで作成できます。

　標準レポートで単一のオーディエンスのパフォーマンスを確認したい場合には1の「フィルタ」機能を利用してください。標準レポートで複数のオーディエンスのパフォーマンスを確認したい場合には、2の「比較」機能を利用してください。標準レポートでは用意されていない指標でオーディエンスを評価したい場合、または、オーディエンスと別のディメンションを組み合わせて評価したい場合には3の探索レポートを利用してください。

▎標準レポートの「比較」を利用したオーディエンスのパフォーマンスの確認方法

　標準レポートの「フィルタ」と「比較」の設定は類似した操作で適用可能です。そこで、以下に「比較」を適用する手順を紹介します。

① 「比較」を適用したい標準レポートを開く
② 画面上部の「比較を追加」をクリックする
③ 右列に「比較の作成」が表示されるので「オーディエンス」を選択する
④ 比較したいオーディエンスがチェックボックスで選択できるので、1つを選択し「適用」をクリックする
⑤ ③及び④を繰り返し、別のオーディエンスを選択することで複数のオーディエンスを比較する

次の画面は、「ユーザー獲得」レポートに対して「すべてのユーザー」と「問い合わせユーザー」を適用した状態です。

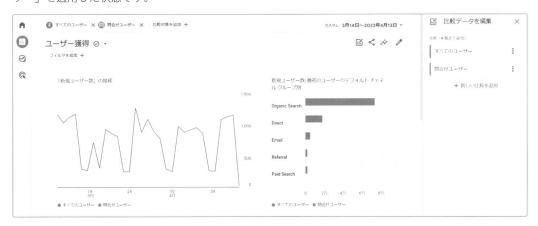

探索レポートでのオーディエンスのパフォーマンスの確認

次に、探索レポートを利用したオーディエンスのパフォーマンス確認をします。標準レポートではできない、他のディメンションとの掛け合わせを実現していることが確認できるでしょう。次の画面では「デバイスカテゴリ」との掛け合わせをしています。

オーディエンス名	問合せユーザー			
デバイス カテゴリ	アクティブ ユーザー数	セッション	エンゲージメント率	エンゲージのあったセッ…ユーザーあたり)
合計	169 全体の100%	562 全体の100%	54.27% 平均との差 0%	1.8 平均との差 0%
1 desktop	164	542	55.54%	1.84
2 mobile	8	32	12.5%	0.5

スマートフォンから問い合わせをしたユーザーは明らかにパフォーマンスが悪いことがわかります。

以上で見てきたように、GA4ではオーディエンスのパフォーマンスを確認できます。「特定ページをスクロールしたユーザーのパフォーマンスを知りたい」、「特定地域から特定のランディングページを利用したユーザーのパフォーマンスを知りたい」といった課題に対しては、この機能が利用できることを理解できたはずです。

接続元の「地域」を利用して ユーザーの理解を深める

　ユーザーを理解するのにその「地域」、つまりユーザーが物理的にどの地域からサイトを閲覧したのかという情報を利用する方法を紹介します。「地域」はIPアドレスに基づいて推定されます。推定ですので、厳密な正確性を求めることはできませんが、それでもおおよその情報としては利用可能です。

　筆者しかアクセスしない検証サイトに自分でアクセスすると地域の正確性についてはある程度検証が可能です。以下は千葉県松戸市から検証サイトにアクセスした状態でGA4のリアルタイムレポートを検証している画面です。

● 前提とする事業者の状況

　本節で前提を置いているのは、以下のような状況の事業者です

　　大阪府を中心としたビジネスを展開しているが、GA4を見ると東京都からのサイトを利用するユーザーもかなりいる。東京にもビジネスチャンスがあるのだろうか？あるのであれば、東京都を地域ターゲティングして広告の出稿を検討したい

　上記のような状況で確認したいのは、東京からサイトを利用するユーザーがA県とはゆかりのない純粋な東京都のユーザーが自社サイトを閲覧したのか？それとも、A県に居住するユーザーがたまたま東京にいたときに利用していたのかということです。もし前者であれば東京に広告を出稿する意味があるかもしれません。

ディメンション「地域」のスコープ

GA4のディメンション「地域」は一般に「ユーザースコープ」、つまり、ユーザーにより一意と考えられています。次の画面のようにGA4のユーザーインターフェースでもユーザースコープとして紹介されています。しかし、現実にはノートPC等を利用すれば、同一ユーザーが東京都からも、大阪府からも同一のサイトを訪問することは可能です。したがって、「地域」はセッションスコープと考えたほうがよいでしょう。

ユーザーの地域の重複に利用する「セグメントの重複」レポート

確認方法として利用するのは探索配下の「セグメントの重複」レポートです。探索配下から「セグメントの重複」レポートを開き、次の画面の通り「東京からサイトを閲覧したユーザー」を作成します。

セグメントを作成するときには「いずれかの時点で」にはチェックを入れてください。チェックを入れることにより「過去に一度でも東京からサイトを利用したユーザー」をセグメントに含めることができます。チェックを外すと「最も直近のセッションが東京だったユーザー」という意味になります。今回可視化したいテーマからするとチェックは入れるべきです。

同様に、「大阪府から閲覧したユーザー」も作成します。

● セグメントの重複レポートの作成

レポートに適用する指標として「アクティブユーザー」は必須。それ以外に、もし興味があれば「セッション」、「エンゲージメント率」などを利用してもよいでしょう。次の画面は3つの指標すべてを利用した「セグメントの重複」レポートです。

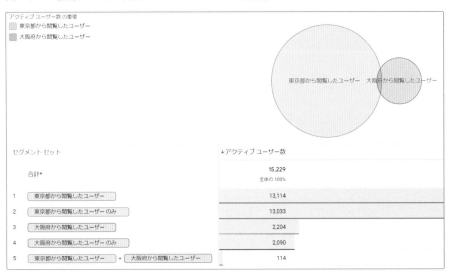

このレポートからは、東京と大阪の両方からサイトを利用したユーザーは全体のごく一部であるため、東京と大阪のユーザーに重複は少ないということがわかります。つまり、東京からサイトを閲覧するユーザーと大阪からサイトを利用するユーザーは「別人」であるため、東京、大阪の両方で広告を出稿すればリーチ（広告を表示するユニークユーザー数）を効率よく広げることができます。

Chapter 6

ユーザー行動を理解する

ここでは「ユーザーの行動」に焦点をあてた分析手法を紹介します。利用するのは GA4 に備わる探索レポートです。ユーザーが、サイト運営者側の期待導線通りにサイトを利用しているのか、コンバージョンに至る過程の最初のステップには何人が到達し、その後、どのステップでどれだけのユーザーが離脱しているのかなど、本章で紹介する分析手法を身につければ、より多くのユーザーをコンバージョンに導くための導線の改修が可能になります。

01 サイト流入後の行動を分析する

　サイト流入後のランディングページや、ランディングページを閲覧した後の導線を分析する方法を見ていきましょう。

◯ ランディングページを分析する

　ウェブサイトの入り口となるランディングページは、ユーザーが自身のニーズに合ったサービス・コンテンツを提供してくれるサイトかどうかを判断してもらい、次に期待するアクションにつなげてもらうための重要なページとなります。GA4の標準レポートをカスタマイズして、ランディングページのパフォーマンスを検証する方法を紹介します。

① 標準レポートの「ライフサイクル」＞「集客」＞「トラフィック獲得」レポートにアクセスし、レポートのカスタマイズを開始する

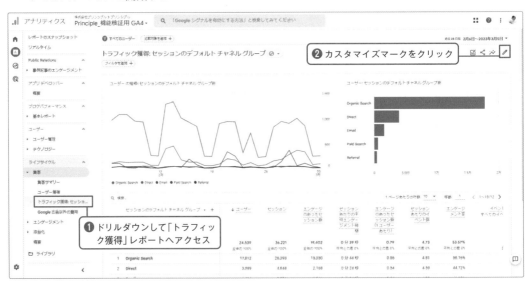

② プライマリディメンションに「ランディングページ＋クエリ文字列」を追加し、デフォルトのディメンションに設定する

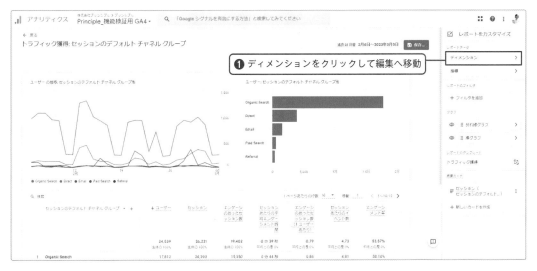

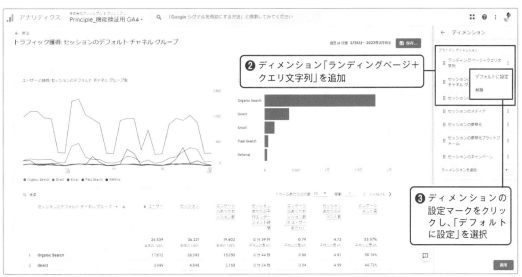

③ 同様に、指標から「セッションのコンバージョン率」を追加する

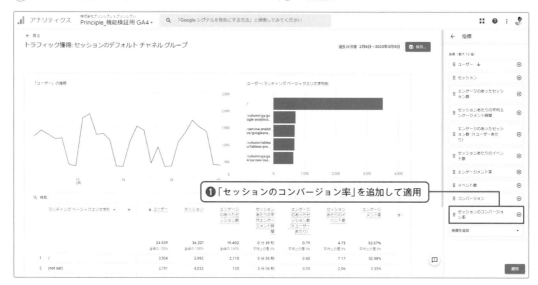

❶「セッションのコンバージョン率」を追加して適用

④「新しいレポートとして保存」して、「ランディングページ」分析用のレポートを作成完了する

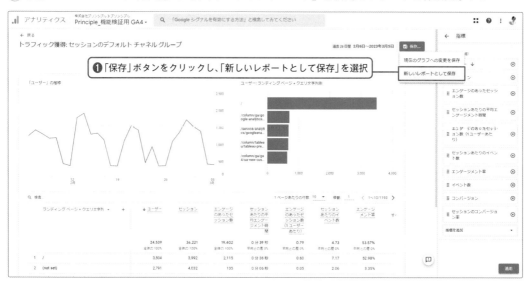

❶「保存」ボタンをクリックし、「新しいレポートとして保存」を選択

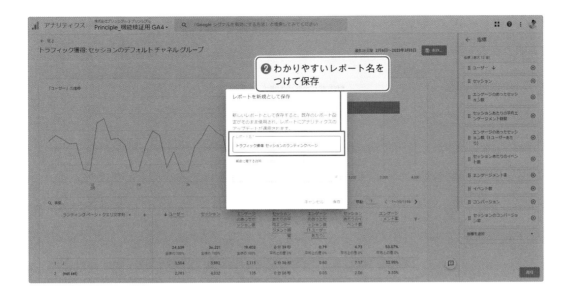

⑤「ライブラリ」にアクセスして、「ライフサイクル」コレクションの編集を開始する

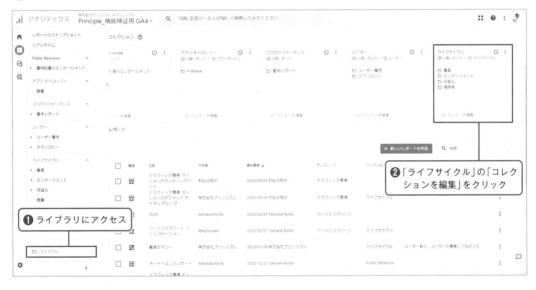

⑥ コレクションのカスタマイズ画面で、先ほど作成したレポートをライフサイクルのコレクションに追加する

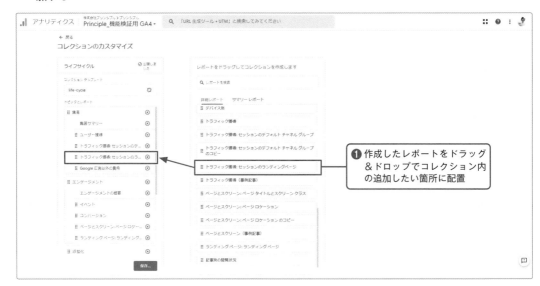

標準レポートにランディングページのレポートが追加されました。

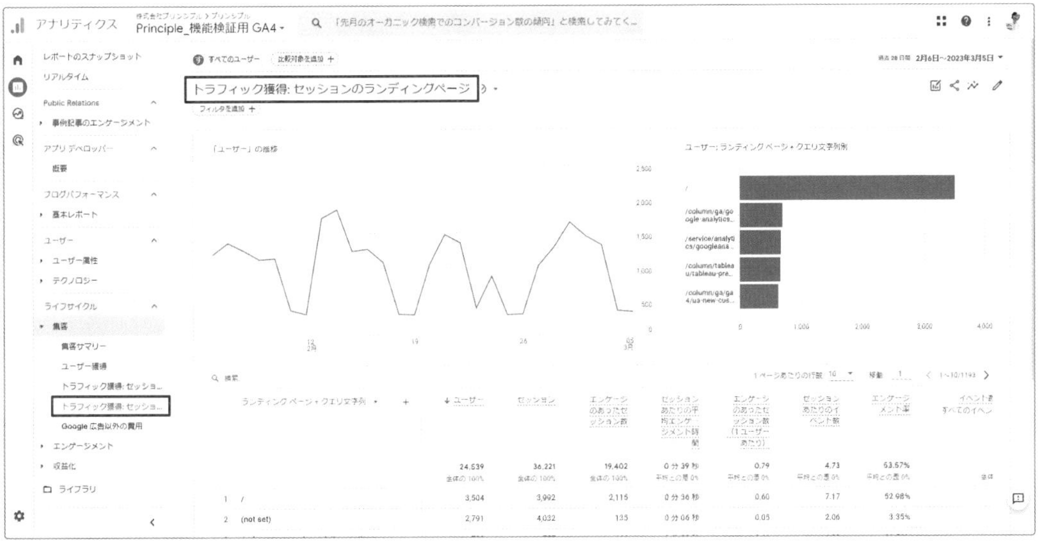

コンバージョン、コンバージョン率はデフォルトでは全てのコンバージョンイベントが対象となっているので、以下のように資料ダウンロードや問い合わせなど特定のコンバージョンに絞って確認するとよいでしょう。

MEMO

探索レポートでは、現状特定のコンバージョンイベントに絞ったコンバージョン率の指標を利用できないため、コンバージョン率を使って分析したいときには標準レポートをカスタマイズして利用するのがおすすめです。

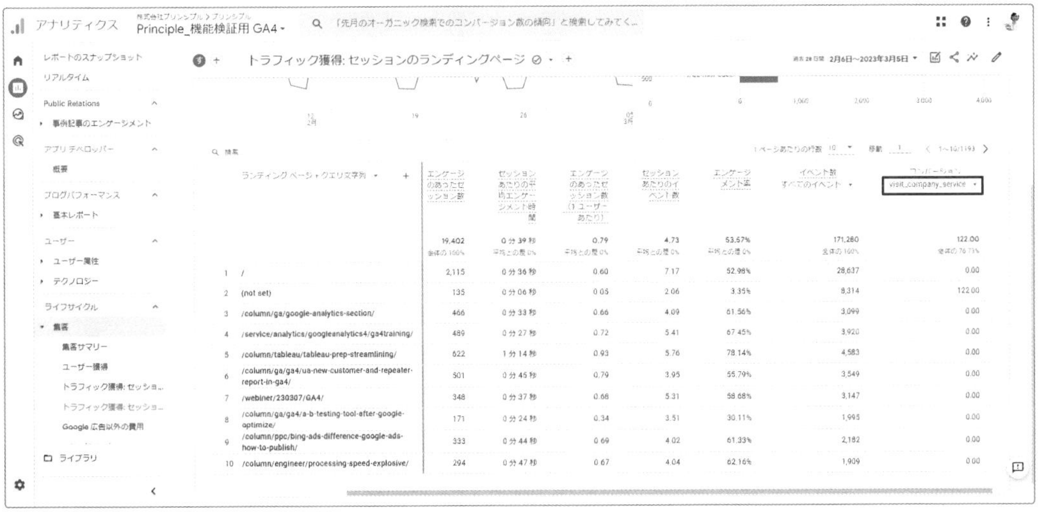

プルダウンから特定のコンバージョンイベントを選択

169

また、比較機能で、広告や自然検索に絞り込むことで、集客施策ごとのランディングペー
ジの分析も可能です。

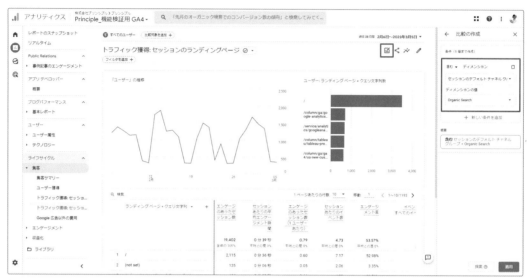

比較を追加

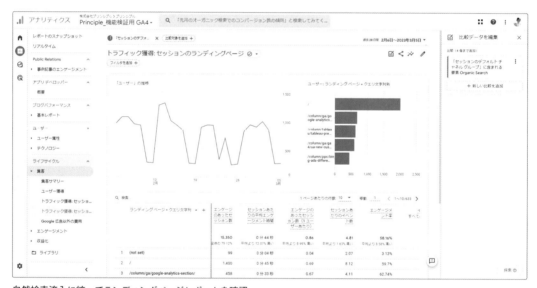

自然検索流入に絞ってランディングページレポートを確認

ランディングページごとに、流入が多く、かつエンゲージメント率やコンバージョン率
が低いページを見つけ改善していくことでコンバージョン率の改善につなげていきましょう。

⬤ サイト流入後の導線を確認する

　特定のページからサイトの閲覧を開始したユーザーが、その次にどのページに遷移しているのかを確認したいというニーズはマーケターが共通して持つ「知りたいこと」の1つです。GA4では、ユーザーのサイト利用の現状として、「特定ページの次に、どのページに遷移しているのか」を知りたい場合に適したレポートがあります。

　探索レポートの「経路データ探索」を利用して、「Google Merchandise Store」のSaleページからサイト流入後のサイト内導線を確認していきましょう。

① 探索レポートの「経路データ探索」のテンプレートを選んで作成開始する

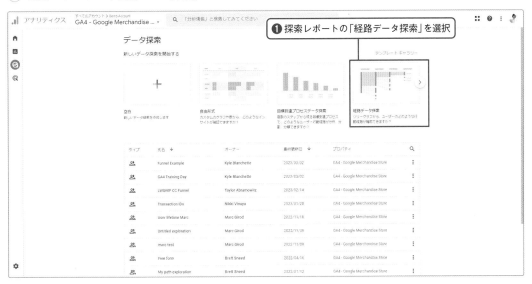

❶ 探索レポートの「経路データ探索」を選択

② デフォルトのレポートが表示されるので、一旦全てクリアして最初からやり直す

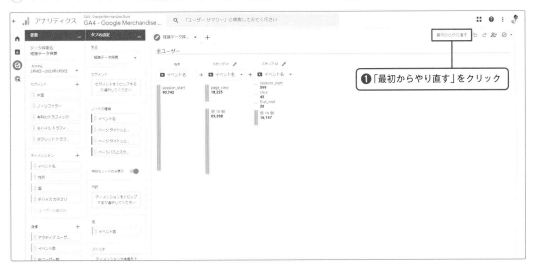

❶「最初からやり直す」をクリック

設定がクリアされて初期状態に戻る

③ ノードの種類に「ページタイトル」を選び、起点としたいページとして「Sale | Google Merchandise Store」を設定する

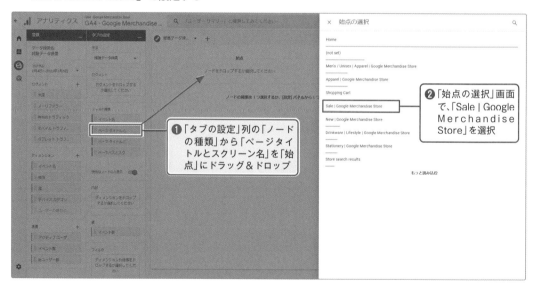

❶「タブの設定」列の「ノードの種類」から「ページタイトルとスクリーン名」を「始点」にドラッグ＆ドロップ

❷「始点の選択」画面で、「Sale | Google Merchandise Store」を選択

④ 値を「イベント数」から「総ユーザー数」に変更する

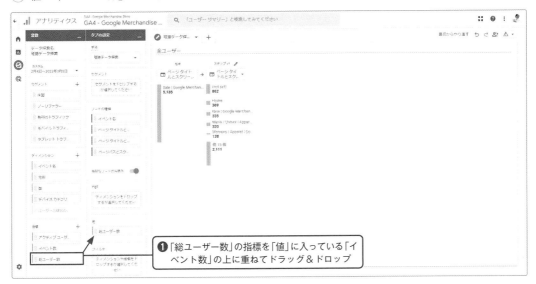

❶「総ユーザー数」の指標を「値」に入っている「イベント数」の上に重ねてドラッグ＆ドロップ

レポートが完成したら、始点ページの次の遷移先のページをクリックすると、更に深く導線を確認できます。

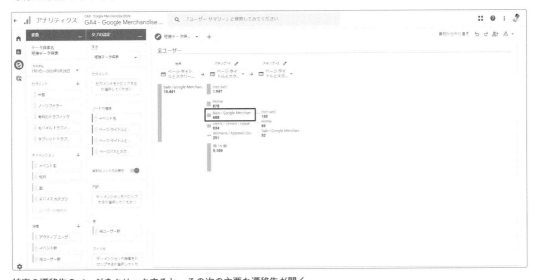

特定の遷移先のページをクリックすると、その次の主要な遷移先が開く

　このレポートからは、セールページの次に、トップページ以外に新着商品ページ、その後、セールページに戻るユーザーが多いことがわかります。想定した導線と異なる場合は、実際にウェブサイトで自身でその導線をたどってみて、なぜそういった動きをしているのかユーザー心理を想像してみるとよいでしょう。

　導線がわかりづらくて行ったり来たりしているような場合は、わかりやすい導線に改善が必要ですし、特定ページに来たユーザーが次に興味を持ちやすいページが見つかれば、より多くのユーザーにスムーズに対象ページに遷移してもらえるように導線を更に目立たせることも考えられます。

02

コンバージョンファネルを分析する

　ECサイトであれば流入後に、商品ページ到達、カート投入、決済開始、決済完了といった流れで、コンバージョンとなる購入に至るまでに必ず通るステップがあります。この各ステップの到達率、離脱率を確認し、流入～コンバージョンまでの流れのどこにボトルネックがあるのかを俯瞰的に把握するのがコンバージョンファネル分析です。

● コンバージョンファネルを分析する

　探索レポートの「目標到達プロセス」を利用したコンバージョンファネル分析の方法を紹介します。各ステップの条件を設定するだけで、各ステップ完了率、放棄率が可視化される便利なレポートです。

　ここでは、ECサイトの流入から決済完了までの流れを例にとって手順を紹介していきます。

① 探索レポートの「空白」のテンプレートを選んで作成開始する

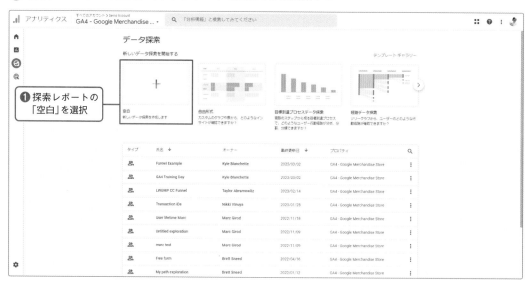

② タブの設定で手法は「目標到達プロセスデータ探索」を選ぶ

③ タブの設定の中の「ステップ」をクリックして、以下の各ステップを追加する

ステップ1：「来訪」session_start

ステップ2：「商品ページ閲覧」view_item

ステップ3：「カート追加」add_to_cart

ステップ4：「購入手続き開始」begin_checkout

ステップ5：「購入完了」purchase

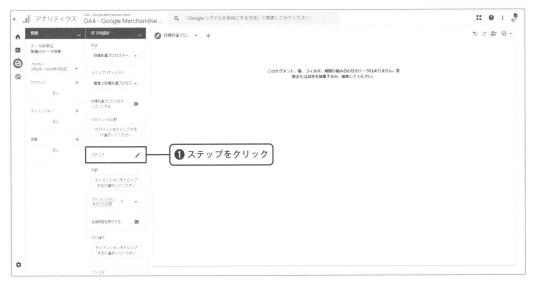

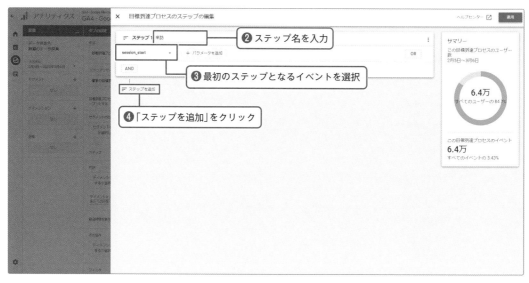

各ステップの設定で「次の間接的ステップ」「次の直接的ステップ」を選択できます。「次の直接的ステップ」を選択すると、前ステップの直後に次ステップが発生したユーザーのみが抽出されます。コンバージョンファネル分析では基本的にはステップ間に様々なアクション発生が想定されるので、「次の間接的ステップ」のままにしておきます。

　「次の期間内」で前ステップ発生後から次ステップ発生までの制限時間を設定できます。

④ タブの設定で、内訳に「デバイスカテゴリ」を追加し、次の操作に「イベント名」を追加する

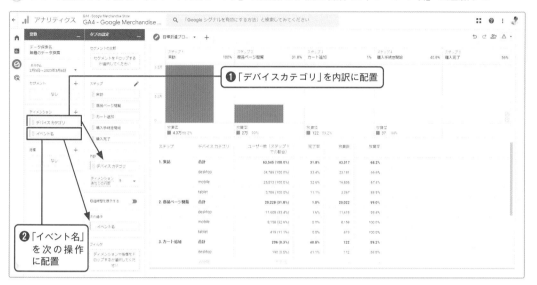

　「目標プロセスをオープンにする」を選択すると、途中のステップから開始したユーザーも追加されます。基本的にはコンバージョンファネル分析の際は、各ステップは必ず通るステップという前提なので、基本的にはオフにしておきます。

　「経過時間を表示」を選択すると、各ステップ間に要した平均経過時間がレポートに表示されます。ただ、1セッション中に購入を完了したユーザーも3ヵ月後など期間を空けてファネルを達成したユーザーも混在した平均時間となり、やや参考にしづらいデータとなるため、ここではオフにしておきます。

　「次の操作」に「イベント名」を設定すると、グラフ上で該当のステップの直後に発生したトップ5のイベントが確認できるようになります。例えば来訪直後に発生したイベントの確認など、ステップ間の行動をクローズアップして確認したい場合には設定するとよいでしょう。

　コンバージョンファネル分析のレポートが完成しました。

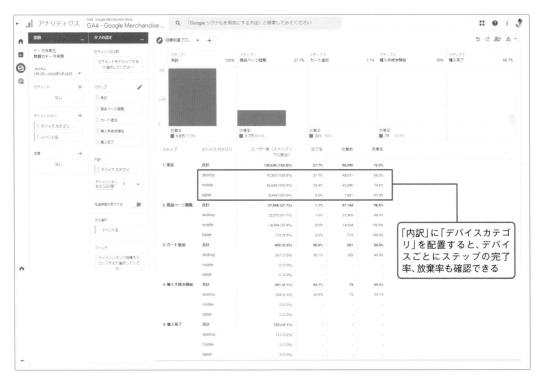

「内訳」に「デバイスカテゴリ」を配置すると、デバイスごとにステップの完了率、放棄率も確認できる

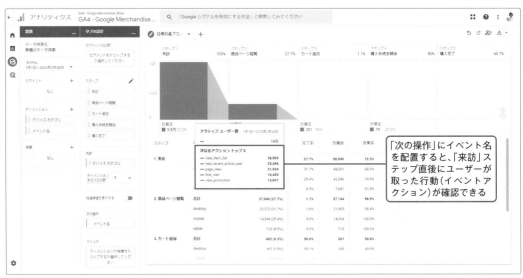

「次の操作」にイベント名を配置すると、「来訪」ステップ直後にユーザーが取った行動（イベントアクション）が確認できる

　来訪後に商品ページに到達するユーザーが3割弱と、商品ページに到達するまでの離脱が大きいことがわかります。ランディングページで離脱してしまっているのか、もしくは商品一覧までたどり着いているのに、商品一覧の検索がしづらいため離脱してしまっているのか、流入から商品ページ閲覧までの流れをもう少し深掘って分析する必要性があると考えられます。

　また、カート追加後に購入手続き開始率も4割弱となっており、せっかく商品に興味を持ってカートに入れてくれたのに離脱してしまった6割のユーザーをなんとか購入に引き戻す

施策を検討したいところです。

　また、表の該当データを右クリックすると、該当ステップからの離脱ユーザーのセグメントを作成できます。

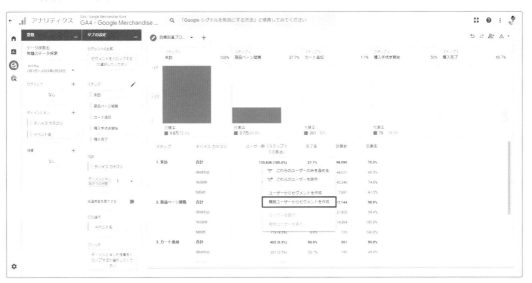

表内のデータを右クリックして、「離脱ユーザーからセグメントを作成」を選択

　このセグメントからオーディエンスを作成し、Google広告でリマーケティングのターゲットリストに設定すれば、離脱ユーザーを引き戻すための施策が打てます。探索レポートの目標到達プロセスレポートでは、このように分析した結果の課題に対して、改善施策のアクションにスムーズに移せる点は非常に大きなメリットです。

◯ カスタマージャーニーを検証する

　コンバージョンファネル分析は、カスタマージャーニーの検証にも活用できます。
　例えば、リード獲得を目的としたB2Bサイトにおいて、ブログコンテンツで専門性の高さを認知させた後にサービス紹介ページに誘導し、お問い合わせにつなげるという一連のジャーニーを想定していたとします。
　その場合もこの目標到達プロセスレポートで、ブログコンテンツ到達・スクロール、サービスページ閲覧、問い合わせフォーム到達、問い合わせ完了といったそれぞれのステップを設定することで、ジャーニー上の進捗状況が確認できます。

① 探索レポートの「空白」のテンプレートを選んで作成開始する

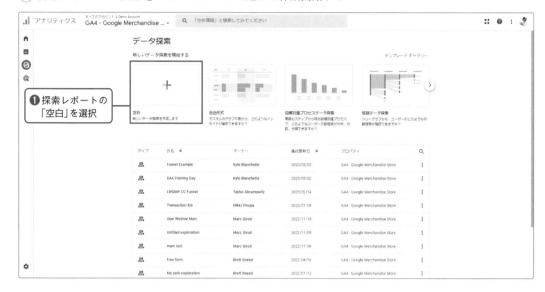

② タブの設定で手法は「目標到達プロセスデータ探索」を選ぶ

③ タブの設定の中の「ステップ」をクリックして、最初のステップを入力する

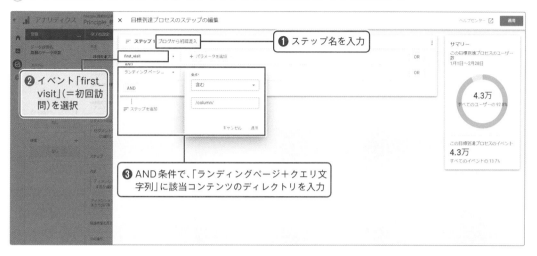

④ 残りのステップも登録する（ここでは、特定のページ閲覧を条件にステップを指定）

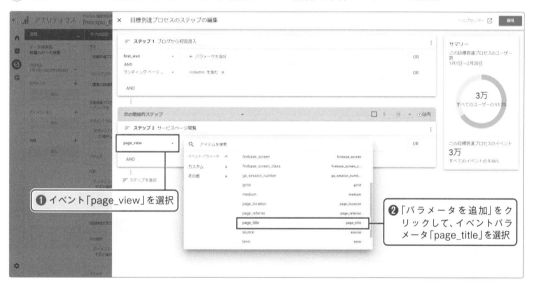

コンバージョンファネルを分析する

③ 該当コンテンツのディレクトリを含む条件で設定

④ 残りのステップも同様に登録

カスタマージャーニーを検証するためのレポートが完成しました。

ステップ1
ブログから初回訪問　100%

ステップ2
サービスページ閲覧　8.1%

ステップ3
問合せフォーム到達　2.2%

ステップ4
問合せ完了　65%

23万

13万

0

放棄率
■ 2.1万 91.9%

放棄率
■ 1,807 97.8%

放棄率
■ 14 35%

ステップ	ランディングページ + クエリ文字列	ユーザー数（ステップ1での割合）	完了率	放棄数	放棄率
1. ブログから初回訪問	合計	22,689 (100.0%)	8.1%	20,842	91.9%
	/	3,295 (100.0%)	8.4%	3,018	91.6%
	/service/analytics/googleanalytics4/ga4training/	665 (100.0%)	100.0%	0	0.0%
	/column/ga/google-analytics-section/	678 (100.0%)	0.0%	678	100.0%
	/column/tableau/tableau-prep-streamlining/	538 (100.0%)	0.4%	536	99.6%
	/column/ga/ga4/ua-new-customer-and-repeater-repor... /	494 (100.0%)	0.8%	490	99.2%
2. サービスページ閲覧	合計	1,847 (8.1%)	2.2%	1,807	97.8%

　各ステップの到達率を確認し、例えば、ブログコンテンツ閲覧後にサービスページを閲覧していないユーザーが多ければ、離脱ユーザーのオーディエンスを作成しサービスページに誘導するリマーケティング広告をあてるといったアクションが検討できます。想定するジャーニーから離脱してしまったユーザーを次の期待する行動に引き戻すといったイメージでアクションを打っていくといった取り組みが考えられます。

　自社のジャーニーを想定し実際のユーザーのジャーニーの進み状況を俯瞰して捉え、ボトルネックとなっているポイントがあればサイトUIの改善やリマーケティングで追いかけるといった施策を打っていくといったイメージで活用することで、目標到達プロセスレポートはECに限らずあらゆる種類のサイトで、有効なレポート機能となるでしょう。

1
2
3
4
5
6
7
8
9

03 オンオフ統合したユーザー行動を理解する

　BtoBのサイトではウェブサイト上のお申し込みやお問い合わせなどのコンバージョンは、収益が発生するポイントではありません。お申し込みやお問い合わせを行ってくれたユーザーがリード（＝見込み顧客）となり、通常、そのリードに対して、インサイドセールスと言われる部署が電話やメールでコンタクトして顧客ニーズの強弱や納品希望時期、予算有無を見極めます。そこで一定の条件に当てはまる場合、フィールドセールスという、実際に顧客に提案を行う部署の社員が商談を設営し、商談が上手くいけば受注となり収益が発生します。

　そのような構造の場合、ウェブサイト上のコンバージョンを単純に増やしたり、ウェブサイト上のコンバージョンの獲得効率を最適化しても、ビジネス上の収益化の増加には直接つながらない場合があります。

　極端な例にはなりますが、次のモデルをご確認ください。

◯ オンオフ統合したユーザー行動を理解する

ウェブサイト上のパフォーマンス

広告キャンペーン	費用	ユーザー数	コンバージョンしたユーザー数	コンバージョン率
キャンペーンA	50万円	500	10	2%
キャンペーンB	100万円	1000	10	1%

　上記を見ると、キャンペーンAのほうがコンバージョン率は高く、優秀な広告であり、キャンペーンAを強化するのが妥当と判断してしまいます。

　一方、キャンペーンA、キャンペーンBから獲得したそれぞれ10人のコンバージョンしたユーザーの契約状況が次の通りだとします。

広告キャンペーン	コンバージョンしたユーザー	契約したユーザー	契約したユーザーから発生した収益
キャンペーンA	10	1	100万円
キャンペーンB	10	5	500万円

　すると、「ROAS（Return On Ads Spent：収益÷広告費用 × 100% 広告費用の何倍の収益を獲得したか）という側面から広告の効率性を測定する指標」は次の通りとなり、キャンペーンBのほうが優秀な広告であり、キャンペーンBを強化するべきだという結論となります。

　　キャンペーンA：100万円÷50万円 ＝ 200%
　　キャンペーンB：500万円÷100万円 ＝ 500%

ウェブサイト上のコンバージョンだけを見ていたときとは逆の結論となりますが、ビジネス的にはもちろん、キャンペーンBを強化すべきです。つまり、実際の収益と広告費用を比較して強化するキャンペーンを判断する必要があります。そういうことがあるので、オン・オフ統合、つまり、ウェブサイト上の集客からコンバージョンまでのオンラインのデータと、リードが契約まで至ったかどうかのオフラインの情報を統合してユーザー行動を捕捉し、理解する必要があります。

　上記を実現する全体の手順は次の通りです。

1. Chapter5-03で紹介している探索レポート「ユーザーエクスプローラ」を利用して、お問い合わせを実行したユーザーのClient IDのリストを取得します（Client IDは、ユーザーエクスプローラレポート上では「アプリインスタンスID」という名前で取得できます）。
2. 「管理画面」＞「プロパティ設定」＞「データインポート」＞「オフラインイベントデータ」から受注状況をGA4にインポートします。
3. インポートするデータは、Client IDをキーとして、受注システムや顧客管理システムから抽出した、受注日、受注したことを示すイベント名、金額や受注した製品名などの受注詳細を含めます。完成したデータはCSVファイルにします。

では、1つずつ手順を見ていきましょう。

お問い合わせを完了したユーザーのClient IDリストの取得

　探索配下のユーザーエクスプローラレポートに、「お問い合わせを完了したユーザー」というユーザーセグメントを適用し、お問い合わせを完了したユーザーのClient IDのリストを取得します。CSVファイルでダウンロードできます。赤枠がClient IDです。

アプリインスタンスID	ストリーム名	↓セッション	コンバージョン
合計		55 全体の100.0%	15 全体の100.0%
1　2029166624.1665979902	999.oops.jp	16	1
2　834351636.1658536085	999.oops.jp	14	1
3　316012776.1658884344	999.oops.jp	10	1
4　1937926437.1668651432	999.oops.jp	2	1
5　2073683729.1668388055	999.oops.jp	2	1
6　786696258.1665478933	999.oops.jp	2	1
7　1038583584.1659053186	999.oops.jp	1	1
8　1109246816.1668650212	999.oops.jp	1	1
9　1278125174.1659053106	999.oops.jp	1	1
10　196558820.1659053093	999.oops.jp	1	1

● オフラインデータインポート画面へのアクセス

「管理画面」＞「プロパティ設定」＞「データインポート」に進むと次の画面が表れるので、「オフライン イベントデータ」を選択します。

オフラインイベントデータとは、ウェブ以外で起きたユーザー行動に関するデータのことです。今回のようなB2Bサイトにおける「受注」は必ずウェブ以外で発生しますが、そうしたオフラインのデータを、あたかもオンラインで発生したかのようにGA4に取り込めるのが、「オフライン イベントデータ」のインポートです。

「データソース名」のところに「offline_order_info」のような名前を入力した後、「CSVをアップロード」をクリックします。

ファイルのアップロードが完了すると、GA4にインポートを促されるので、「インポート」ボタンをクリックします。

データインポートが正常に完了すると、次の画面が表示されます。

データのインポート

データインポートを使用すると、外部ソースからデータをアップロードし、アナリティクスのデータと結合できます。[データソースを作成] をクリックして、アップロードできるデータの種類をご確認ください。詳細

データソースを作成

データソース名	データ型	ステータス	
offline_order_info	オフライン イベントデータ	✓ 前回のインポート: 10月 27 2022 10:02 午前 UTC+9	⬆ 今すぐインポート ＞

◯ インポート（＝アップロード）する CSV ファイルの準備

インポートする CSV ファイルの例を提示します。この例では、お申し込みをしてくれたユーザーのうち、Client ID が 784449747.1664137165 に該当するユーザーから、10月26日午前10時ちょうどに、金額40万円の、service_aというサービスを受注した。というシナリオだと考えてください。

実際にインポートした CSV ファイルは次のような形をしています。

```
measurement_id,client_id,timestamp_micros,event_name,event_param.ordered_service,event_param.value
G-GRMD2B3NCS,784449747.1664137165,1666746000000000,offline_order,service_a,400000
```

1行目がヘッダー、2行目がデータです。1行目と2行目の列数が両方とも6列で合致していることが必要です。列はカンマ「,」で区切ります。それぞれの列が格納している値を説明します。

measurement_id：計測IDです。データをインポートする先の GA4プロパティ内のデータストリームから取得します。次の画面コピーも参照してください。

✕ ウェブ ストリームの詳細

✓ データ収集は、過去 48 時間有効になっています。

ストリームの詳細　✎

ストリーム名	ストリーム URL	ストリーム ID	測定 ID
999.oops.jp	http://999.oops.jp	3262623423	G-GRMD2B3NCS 📋

client_id：受注したユーザーの Client IDです。ステップ1で、探索配下のユーザーエクスプローラレポートからお問い合わせを完了したユーザーのCLient IDをCSV ファイルとしてダウンロードしましたが、そのうち、受注に至ったユーザーの Client IDを記述します。

timestamp_micros：受注日を、UNIX時のマイクロ秒で表現した値です。UNIX時とは1970年1月1日からの経過時間です。受注日を●年●月●日●時では把握できているはずですが、その日時をUNIX時に変換するには通常ツールを使います（もしくは、受注件数が多い場合にはExcelの関数を利用する）。

タイムスタンプ → UNIX 時変換ツールの例

https://keisan.casio.jp/exec/system/1526003938

187

　参考までに、Excelの関数を掲載します。B2セルの計算式を100万倍して、マイクロ秒単位にしたのがC2セルの内容です。CSVファイルには、UNIX時のマイクロ秒を記述してください。

B2	:	× ✓ fx	=(A2-DATE(1970,1,1))*86400-32400	
	A	B	C	
1	時刻	UNIX時（秒）	UNIX時（マイクロ秒）	
2	2022/10/26 10:00	1666746000	1666746000000000	
3				

　event_name：オフラインの受注というユーザー行動を記録するイベント名です。わかりやすければ何でも大丈夫です。この例では、offline_orderとしています。

　event_param.ordered_service：パラメータを付与することで、イベントとして設定している offile_order の属性を追加しています。1行目にあるヘッダーの列名は、event_paramsは固定値、その後にパラメータとして利用したい名前をドットに続けて記述します。つまり、event_param.ordered_service は、パラメータ名として、ordered_serviceを指定していることになります。パラメータの値は受注したサービスを記述します。ここでは、service_a としています。

　event_param.value：event_name に追加できる属性としてのパラメータは1つではありません。event_params.valueでは、パラメータ名 value を指定しています。valueというパラメータ名は特殊なパラメータ名で、イベントの金銭的価値を表します。パラメータの値としては、400000が記録されていることが確認できます。インポートしたデータは最大24時間かかって、レポートに反映されます。

インポートしたデータの利用可能場所

　一旦インポートが完了すれば、トラッキングコードが作り出したデータと同様、次の通りに利用できます。

- ユーザーエクスプローラで、個別のユーザーが発生させたイベントとして確認できる
- カスタムディメンションを登録すればレポートで利用できる
- コンバージョン登録すればコンバージョンとして登録できる
- 探索配下でセグメントを作成するのに利用できる
- オーディエンスとして「オフラインで受注したユーザー」などを作成できる

　547912768.1665979927のユーザーに対して、オフラインイベントデータをインポートした結果が、レポートとして表示されている例を挙げます。次の画面は「ユーザーエクスプローラ」レポートですが、10月26日のところに、offline_orderが記録されているのが確認できます。

Chapter 7

集客施策を測定し改善する

本章では、広告を中心とした集客施策を分析し、改善につなげるためのGA4の活用方法を紹介します。GA4で新たに導入された機械学習による予測オーディエンス機能も活用し、施策の費用対効果を高める方法を見ていきましょう。

01 集客施策を測定するための設定

　これから紹介する集客施策の分析や予測オーディエンスの利用には、事前に次の設定を行っておく必要があります。GA4の計測仕様には以前からの変更点もあるため、改めて確認していきましょう。

● UTMパラメータの付与

　従来と同様に集客施策のリンク先URLに「UTMパラメータ」と呼ばれるGA専用のパラメータを付与することで、レポート上で各施策を分別してデータを確認できるようになります。正しい施策評価のためにも、広告、アフィリエイト、メルマガ、ソーシャル投稿、オフライン媒体のQRコードといった、ウェブサイトへの誘導施策に対して漏れなくパラメータを付与することが重要です。

　リンク先URL末尾の「?」以降に「utm_」で始まる文字列が、GAで集客施策を分別するためのUTMパラメータです。UTMパラメータは、パラメータ名と値のセットを「&」で複数をつなげていきます。

　GA4でのUTM パラメータには次の種類があります。「utm_id」はキャンペーンを識別するIDとして利用できるほか、キャンペーンの費用データのアップロードに利用できます。

UTMパラメータの種類

パラメータ	ディメンション	説明/設定例
utm_id	キャンペーンID	キャンペーンの費用データをインポートする際のキー
utm_source	参照元	流入元を識別する名称/google、yahoo
utm_medium	メディア	流入した方法を識別する名称/cpc、email
utm_campaign	キャンペーン	キャンペーンの名称/summer_sale
utm_term	キーワード	有料検索のキーワードなど/running_shoes
utm_content	広告コンテンツ	広告コンテンツを区別するための名称/blue_banner

● チャネルグループとは

　UTMパラメータで定義した参照元やメディアをもとに、共通した性質をもつトラフィックをグループ化したものがチャネルグループです。UTMパラメータにどのような値を設定するかを決めるにあたり、「どのようなチャネルに分類したいか」から逆算して考えると、チャネルグループが利用しやすいものになります。

　チャネルグループには最初から存在する「デフォルトチャネルグループ」と、ユーザー側で設定できる「カスタムチャネルグループ」があります。

デフォルトチャネルグループはメディアや参照元の値によって自動で分類される仕組みになっています。分類ルールはあらかじめGoogle が定義しているので、UTM パラメータでメディアや参照元の値を付与する際にも、デフォルトチャネルグループの分類ルールに沿った命名をしておきましょう。

　主要なチャネルの定義は、以下の一覧表を参照してください。

BigQueryにエクスポートされたデータサンプル

チャネル	定義
ノーリファラー	参照元 - 完全一致 - direct AND メディアが「(not set)」または「(none)」
有料ショッピング	参照元 - ショッピング サイトのリストに一致 OR キャンペーン名 - 正規表現に一致 - ^(.*(([^a-df-z]|^)shop|shopping).*)$ AND メディア - 正規表現に一致 - ^(.*cp.*|ppc|paid.*)$
有料検索	参照元 - 検索サイトのリストに一致 AND メディア - 正規表現に一致 - ^(.*cp.*|ppc|paid.*)$
有料ソーシャル	参照元 - ソーシャル サイトのリストに一致 AND メディア - 正規表現に一致 - ^(.*cp.*|ppc|paid.*)$
有料動画	参照元 - 動画サイトのリストに一致 AND メディア - 正規表現に一致 - ^(.*cp.*|ppc|paid.*)$
ディスプレイ	メディアが「display」「banner」「expandable」「interstitial」「cpm」のいずれか
オーガニック ソーシャル	参照元 - ソーシャル サイトの正規表現リストに一致 OR メディアが「social」「social-network」「social-media」「sm」「social network」「social media」のいずれか
オーガニック動画	参照元 - 動画サイトのリストに一致 OR メディア - 正規表現に一致 - ^(.*video.*)$
オーガニック検索	参照元 - 検索サイトのリストに一致 OR メディア - 完全一致 - organic
メール	参照元 = email|e-mail|e_mail|e mail OR メディア = email|e-mail|e_mail|e mail
アフィリエイト	メディア = affiliate
参照	メディア = referral
SMS	メディア - 完全一致 - sms
モバイルのプッシュ通知	メディア（末尾が「push」） OR メディアに「mobile」または「notification」が含まれる

　デフォルトチャネルグループの定義についての最新情報はGoogleの公式ヘルプを参照してください。

デフォルトチャネルグループの定義

https://support.google.com/analytics/answer/9756891?hl=ja

　カスタムチャネルグループは、デフォルトチャネルグループと同様にUTMパラメータで定義された参照元やメディアをもとに、分類できます。

　作成できるカスタムチャネルグループの数は2つまで、また、各チャネルグループ内に定義できるチャネルの数は25個までという制限があります。UTMパラメータを既に付与済であって、デフォルトチャネルグループの分類では自社の分析環境にマッチしない場合、カスタムチャネルグループを作成するとよいでしょう。

　カスタムチャネルグループは、「管理画面」＞「データ設定」＞「チャネルグループ」から作成できます。次の画面は、あらかじめ存在しているデフォルトチャネルグループに加え、「デフォルトチャネルグループのコピー」という名前のカスタムチャネルグループを作成してあることを示しています。

カスタムチャネルグループの作成

https://support.google.com/analytics/answer/13051316?hl=ja

○ Google広告のGA4連携

GA4とGoogle広告をリンクすることで、次のような利点があります。

- 標準レポートの「集客」の配下で広告の費用、クリック数等のGoogle広告のレポートを確認できる
- 探索レポートで、広告グループ、クエリ等のGoogle 広告関連のディメンションを利用できる
- GA4で作成したオーディエンスをGoogle広告のリマーケティングのターゲティングリストに連携できる
- Google広告の管理画面側にGA4のコンバージョンイベントデータをインポートできる

連携のための設定手順は次の通りです。

① アナリティクスで「管理」をクリックする
② 「プロパティ」列でメニューを使用し、リンクするプロパティを選択する
③ 「サービス間のリンク設定」で「Google 広告のリンク」をクリックする
④ 「リンク」をクリックする
⑤ 「Google 広告アカウントを選択」をクリックし、リンクする
　 Google 広告アカウントを選択する
⑥ 「確認」をクリックする
⑦ 「次へ」をクリックする
⑧ 「パーソナライズド広告を有効にする」オプションはデフォルトでオンになっているので、「自動タグ設定を有効にする」オプションを展開して、自動タグ設定を有効にするか、自動タグ設定が維持されるようにする
⑨ 「次へ」をクリックし、設定を確認する
⑩ 「送信」をクリックして、現在の設定でアカウントをリンクする

MEMO

MCCアカウントにリンクする際に自動タグ設定を有効にすると、MCCアカウントに直接リンクされている全てのGoogle広告アカウントで自動タグ設定が有効になります。

　Google広告アカウントとGA4のリンクを作成すると、GA4のレポートに Google広告データが自動的に表示されるようになります。
　Google広告の運用側でも連携のメリットは大きく、GA4と連携することで、GA4側で設定したコンバージョンやオーディエンスを流用できるようになります。Google広告のコンバージョンやリマーケティング用のタグをGTM経由でサイト側に発火する設定の手間がなくなり、コンバージョンやリマーケティングのターゲティング設定がより柔軟に行いやすくなるでしょう。

MEMO

ただし、このデータを使用するには、Google 広告管理画面側での設定も必要です。Google 広告管理画面側での操作方法は次のヘルプページを参照してください。

サービス間のリンク設定

https://support.google.com/google-ads/answer/63335362hl=ja

02

ユーザーの初回訪問手段を評価する

ディスプレイ広告やSNSなど、自社のウェブサイトに潜在ユーザーを呼び込む認知施策に取り組んでいる企業も多いでしょう。標準レポートを使って集客施策ごとの新規ユーザー獲得のパフォーマンスを評価する方法を説明します。

◯ 標準レポートでユーザー獲得経路を分析する

Chapter4でユーザーのライフサイクル全体の最初の接点として「ユーザーの最初の経路」のディメンションを紹介しました。集客配下には「ユーザー獲得」「トラフィック獲得」の2種類のレポートが存在しますが、「ユーザー獲得」レポートが最初のユーザー接点になった経路を検証するためのレポートです。今回はこの「ユーザー獲得」レポートを活用しディスプレイ広告の成果を検証していきましょう。

① 「集客」＞「ユーザー獲得」へアクセスする

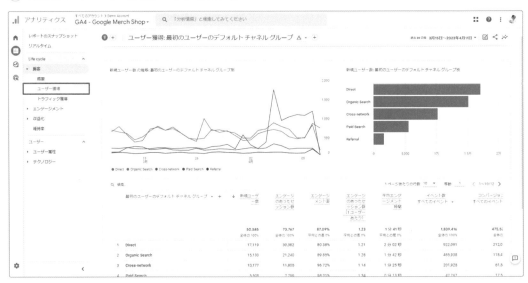

② プライマリディメンションのフィルタで「ユーザーのデフォルトチャネルグループ」を確認したい特
　定のチャネルに絞り込む（ここでは、「Cross-network」［P-MAXキャンペーンなど］を指定）

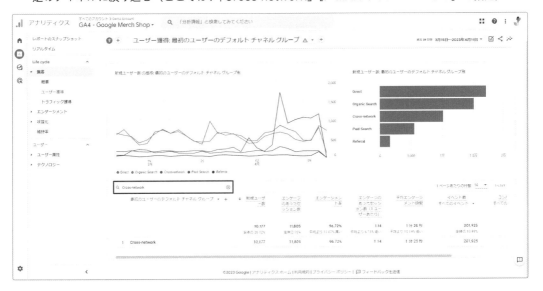

③ セカンダリディメンションを設定する

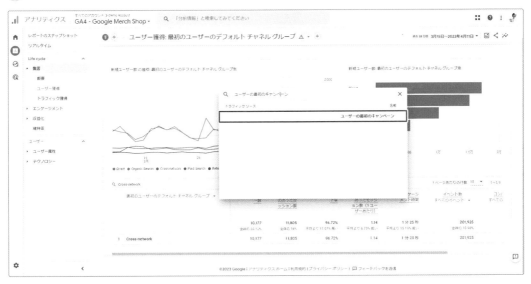

　Google広告のP-MAXキャンペーンに絞って、複数キャンペーンのデータをレポート
上で比較できるようになりました。

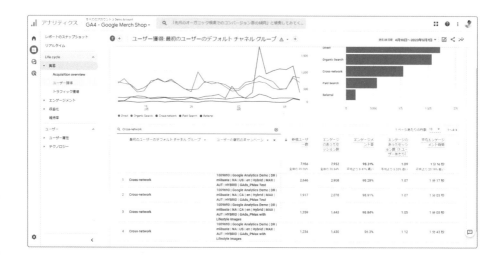

● ユーザー獲得レポートを探索する

　標準レポートでデータを確認後に、他のディメンションや指標を追加して更に深掘り分析をしたいときには、「比較」ナビゲーションから「探索」をクリックし、探索レポート側で更に分析していきましょう。このナビゲーションは、標準レポートで確認したデータにセグメントをかけたり、ディメンションを掛け合わせたりしたい場合に、標準レポートの要素をそのまま探索レポートに引き継げるのでとても便利です。

① 「共有」ボタンから「比較データを編集」を開き「探索」を選択する

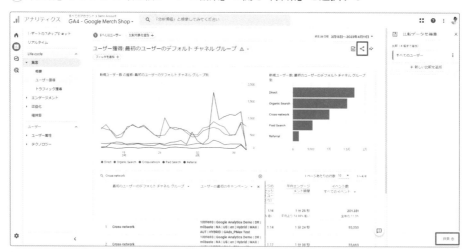

標準レポートの要素を引き継いで探索レポートを開けた

② 探索レポートで、適宜、ディメンションや指標を追加し、見栄えを調整する（ここでは、指標に「初回購入者数」、「新規ユーザーあたりの初回購入者数」を追加。また、セルタイプを「ヒートマップ」に変更）

　探索レポートで指標を編集することで、最初のP-MAXキャンペーンごとに初回購入者数の観点でデータを並べられました。キャンペーンによっては初回購入へのつながりやすさに差が出ていることがわかります。

　このように、実施した認知施策の成果を標準レポート、探索レポートを使いディメンションを掛け合わせることで、新規ユーザー獲得の観点で成果を深掘って分析できます。

　一点、留意点として、「ユーザーの最初の●●」のディメンションは意図と異なるデータとなってしまわないよう注意して使用してください。例えば、「ランディングページ」もセカンダリディメンションとして選択することは可能ですが、「ランディングページ」のディメンションはあくまでセッションごとの最初に閲覧したページであって、「ユーザーの最初のランディングページ」ではありません。「ユーザーの最初の●●」のディメンションはセッション軸のディメンションを掛け合わせると意図しないデータとなるため注意が必要です。

03 アトリビューション効果で評価する

「広告ワークスペース」では集客施策のアトリビューション効果を検証するレポートが用意されています。各モデルの特徴を理解し、複数の接点をまたがって発生したコンバージョンについて各接点の貢献を正しく評価しましょう。

アトリビューションとは

アトリビューションとは、ユーザーがサイトに初回接触してから最終的にコンバージョンするまでに利用した接点（経路や、タッチポイントとも呼ばれます）に対して、コンバージョンに貢献した度合いに応じて値を割り振ることです。

コンバージョンを割り振るルールのことを「アトリビューションモデル」と呼びます。GA4で利用できるアトリビューションモデルは次の3つです。

アトリビューションモデル	説明
データドリブン	機械学習アルゴリズムを使用して、よりコンバージョンの促進に貢献した可能性が高いタッチポイントにコンバージョンの貢献度が割り当てられる（詳細は次を参照）
クロスチャネルのラストクリック	ユーザーがコンバージョンに至る前に、最後にクリックしたチャネルにコンバージョン値を全て割り当てる
Google広告優先のラストクリック	ユーザーがコンバージョンに至る前に最後にクリックしたGoogle広告にコンバージョン値を全て割り当てる。Google広告が利用されていない場合、クロスチャネルのラストクリックモデルが利用される

MEMO

Google広告優先のラストクリックモデルは複数の接点が存在した場合でもラストクリックのGoogle広告のコンバージョン値を割り振ります。そのため、厳密には「複数の接点にコンバージョン値を割り振る」という意味のアトリビューションには当てはまりません。
しかし、後述の「モデル比較」レポートで利用可能なため、一覧に含めています。

従来、上記に加えクロスチャネルの「ファーストクリック」、「線形」、「接点」、「減衰」の4モデルが利用可能でした。一方、2023年5月以降新規に作成したプロパティ、及び、2023年9月以降は全プロパティでそれら4モデルは利用できなくなり、上記の3モデルだけが利用可能となります。

一方、「レポート」＞「ライフタイム」＞「集客配下」の「ユーザー獲得」レポートでは、ユーザーの初回接点にコンバージョンが割り振られます。ユーザー獲得レポートは実質的に「ファーストクリック」で接点を評価するためのレポートということになります。したがって、「ファーストクリック」は「ユーザー獲得」レポートに姿を変え、2023年以降、厳密な意味で利用できなくなるアトリビューションモデルは、「線形」「接点」「減衰」の3モデルと理解するのが現実に近いです。

クロスチャネルのラストクリックモデル

「クロスチャネルのラストクリック」モデルは、前述の通り、アトリビューションモデルの中の1つですが、「レポート」配下にある「ユーザー獲得」レポート以外のレポートで採用されている最も一般的なモデルと言えます。

このモデルは、UAでも採用されていたので、一般的なGoogle アナリティクスのユーザーにとってもっとも馴染みのあるモデルと言ってよいでしょう。GA4全体で、レポート種別ごとに採用されているアトリビューションモデルをまとめると次の通りとなります。

ワークスペース	レポート	アトリビューションモデル
レポート	ユーザー獲得	ファーストクリック
	ユーザー獲得以外	ラストクリック
広告	全てのチャネル	プロパティ設定から指定したモデル（Chapter3参照）
	モデル比較	選択したモデルを2つまで比較

データドリブンアトリビューション

データドリブンアトリビューションとは、各接点が利用された際のコンバージョンとの時間差、デバイスの種類などの要素が含めて「その接点の利用がなければどの程度コンバージョン率が下がるか」を計算した結果を踏まえて、計算によって各接点にコンバージョン値を割り振る方法です。

クロスチャネルのラストクリック、Google 広告優先のラストクリックがいずれも「ルールベース」とよばれる「決めごと」に従った恣意的な割り振りであったのに対して、データドリブンアトリビューションでは科学的な計算に基づきコンバージョン貢献が割り振られると考えられます。

Google 社はデータドリブンアトリビューションの利用を推奨しています。

アトリビューションモデルごとにキャンペーンを評価する

広告枠スペースを利用して、複数のアトリビューションモデルごとに接点を評価してみましょう。

① 「広告ワークスペース」＞「アトリビューション」＞「モデル比較」レポートへアクセスする
② レポート期間を適宜設定する（次のレポートはデモアカウントでの2022年10月1日から2023年3月31日の半年間としています。再現したい場合には同期間に設定してください）
③ コンバージョンイベントとして「purchase」を選択する
④ アトリビューションモデルとして「クロスチャネル ラストクリック」と「クロスチャネル データドリブン」を選択する
⑤ プライマリディメンションを「キャンペーン」に切り替える

コンバージョンイベントの選択

完成したレポートは以下の通りとなります。

キャンペーン ▾		アトリビューションモデル（想定）クロスチャネル ラスト クリック ...		アトリビューションモデル（望推）クロスチャネル データドリブン ...		変化率	
	+	↓ コンバージョン	収益	コンバージョン	収益	コンバージョン	収益
		9,780 全体の 100%	$1,061,735.36 全体の 100%	9,780.00 全体の 100%	$1,061,735.35 全体の 100%	0%	▸−0.01%
1	(direct)	4,547	$462,222.22	4,547.00	$462,222.22	0%	0%
2	(organic)	2,849	$359,332.86	2,818.00	$357,554.02	-1.09%	-0.5%
3	(referral)	1,095	$110,009.45	1,127.69	$114,916.24	2.98%	4.46%
4	Nov2022_CyberMonday_V1	417	$46,909.50	403.76	$45,416.93	-3.18%	-3.18%
5	Nov2022_Holiday_V1	158	$15,734.90	162.01	$15,849.69	2.54%	0.73%
6	Jan2023_LunarNY_V1	133	$11,617.31	119.21	$10,541.27	-10.37%	-9.26%
7	Sept2022_GBday_V1	96	$9,998.82	109.98	$12,515.39	14.57%	25.17%
8	1009693 | Google Analytics Demo | DR | mlibaste | NA | US | en | Hybrid | MAX | AUT | HYBRID | GAds_PMax Test	78	$6,090.40	79.20	$5,607.08	1.54%	-7.94%
9	Oct2022_FL_V1	78	$8,913.49	72.90	$7,645.07	-6.54%	-14.23%
10	1009693 | Google Analytics Demo | DR | mlibaste | NA | US | en | Hybrid | SEM | BKWS - MIX | Txt ~ AW-Brand (US/Cali)	77	$7,115.25	76.27	$6,461.24	-0.94%	-9.19%

　変化率の列に注目すると、7行目の「Sept2022_GBday_V1」キャンペーンが、ラストクリックモデルとデータドリブンモデルで比較的大きな違いがあります。データドリブンモデルでは、ラストクリックモデルに比べ、件数で約15％、収益額で約25％多くなっています。

　このことはラストクリックで評価すると、このキャンペーンを過小評価してしまう可能性が高いことを示しています。Chapter1で説明した通り、ユーザーの経路の利用は多様化していますので、ラストクリックモデルだけでなく、広告ワークスペース配下のレポートで「データドリブンモデル」にしたがったコンバージョン貢献も定期的に確認するとよいでしょう。

○ 広告スペース配下のレポート利用上の留意点

　広告ワークスペース利用時の留意点として、アトリビューションレポートで使用されている「デフォルトチャネルグループ」「メディア」等のディメンションはイベント軸のディメンションとなります。セカンダリディメンションとして、例えば、「セッションのキャンペーン」をンとして選択することは可能ですが、イベント軸の「メディア」とセッション軸の「セッションのキャンペーン」のディメンションを掛け合わせると不正確なデータとなるため注意が必要です。

MEMO

本書執筆時点で広告スペース配下のレポートではセカンダリディメンションや比較機能でイベント軸の流入経路のディメンションは利用できません。セカンダリディメンションは設定せず、プライマリディメンションの切り替えでデータを見ていくのがよいでしょう。

04

ライフサイクル全体のLTVで評価する

　ユーザーのライフサイクル全体でエンゲージメントを最大化するためには、認知のタイミングでいかに自社のサービスにフィットしたユーザーを獲得するかが重要です。実施した認知施策についてライフサイクル全体のエンゲージメントや収益貢献の観点での評価に取り組んでみましょう。探索レポートの「ライフタイム」を利用していきます。

ユーザーのライフタイム指標

　「ユーザーのライフタイム」を選ぶと、次のようなライフタイムバリュー系の様々な指標が使えるようになります。各指標の意味を確認しておきましょう。

指標名	定義
全期間のエンゲージメントセッション数	初回来訪以降に発生したエンゲージメントセッションの合計回数
全期間のエンゲージメント時間	初回来訪後以降のセッションにおけるフォアグラウンドでアクティブとなった経過時間
全期間のセッション継続時間	初回来訪以降のセッションにおけるセッションの合計時間（ウェブサイトまたはアプリがバックグラウンドで実行されている時間も含まれます）
ライフタイムのセッション数	初回来訪以降に発生したセッションの合計回数
全期間のトランザクション数	初回来訪以降に発生した購入の合計回数
LTV	ライフタイム全体で発生した収益の合計
購入の可能性（予測指標）	今後7日間以内にユーザーが購入する可能性
予測収益（予測指標）	今後28日間以内にユーザーが購入する総収益の予測
離脱の可能性（予測指標）	今後7日以内にユーザーがアクティブにならない可能性

　購入の可能性、予測収益、離脱の可能性は機械学習の予測指標ですが、購入や離脱ユーザーのポジティブサンプルとネガティブサンプルが過去28日間、1週間に1,000人以上必要となります。該当のサンプル数に満たない場合や、サイト来訪時のユーザーの振る舞いに変動が大きいといった原因で予測の品質が不安定と判断される場合は、指標は有効化されません。

認知施策をライフサイクル全体で評価する

　「ユーザーのライフタイム」を使って、3ヵ月前に実施した認知施策をキャンペーンごとに、その後のユーザーのエンゲージメントや収益貢献状況を確認していきましょう。

① 「探索レポート」へアクセスし、「ユーザーのライフタイム」テンプレートを開く

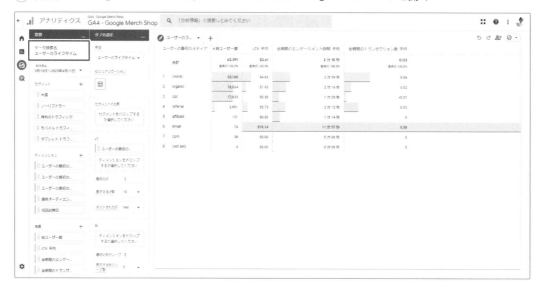

② 対象となる集客施策を開始した期間を設定する（「ライフタイムレポート」では期間の終了日は設定できない）

③ ディメンションに「ユーザーの最初のメディア」「ユーザーの最初のキャンペーン」を設定する

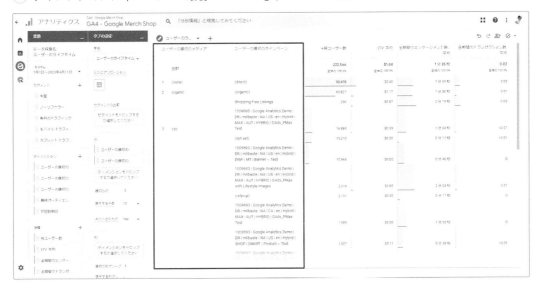

④ 指標に「総ユーザー数」「全期間のエンゲージメントセッション数：平均」「全期間のエンゲージメント時間：平均」「全期間のトランザクション数：平均」「LTV：平均」を設定する

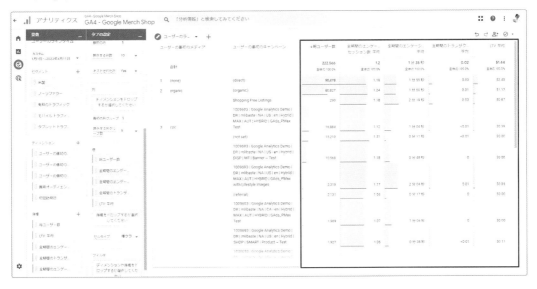

　ここでは、ユーザーの最初のメディア、キャンペーンごとに、全期間のエンゲージメントセッション数の平均、全期間のエンゲージメント時間の平均といった、各施策に初回流入後にライフタイム全体でどのくらいエンゲージメントをしてくれているかを計る指標や、全期間のトランザクション数、LTVの平均といった収益貢献度合いを確認する指標を並べています。

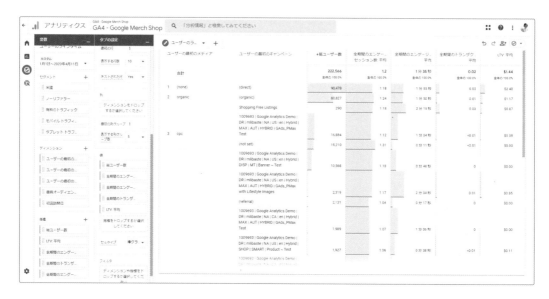

　特定のキャンペーンが、ライフタイム全体で平均セッション数もエンゲージメント時間も高いようであれば、自社にフィットしたユーザーの獲得に向いた施策として高く評価し、更に予算を多くあてるといったアロケーションが考えられます。

　逆に、例えば最もユーザー獲得数が多く費用をかけているキャンペーンのエンゲージメント状況が良くないようであれば、該当のキャンペーンについて、より自社のターゲット顧客に合ったクリエイティブへの変更、該当キャンペーン接触ユーザーに対しリマーケティングを行うことで再訪を促すといったアクションも検討できます。

　一点留意点としては初回接触したタイミングからの累計で算出されるため、該当の施策を実施してからある程度期間をおいて確認する必要があります。例えば、購入サイクルが1ヵ月程度のサービスへの収益貢献度合いを計りたいのであれば、施策を実施してから少なくとも2、3ヵ月経過後に検証に取り組むことで、対象ユーザーの初回接触後のデータが十分たまるためより適切な評価ができるようになります。自社サービスの再訪間隔や購入サイクルを考慮して、検証タイミングを決めるようにしましょう。

　ライフサイクルは従来のGAでは難しかったGA4ならではの分析機能です。認知目的の施策を振り返る際にライフサイクルを活用したユーザー軸での検証にぜひチャレンジしてみてください。

05 オーディエンスをGoogle広告リマーケティングに活用する

GA4では収集した行動データをベースに柔軟にユーザーのオーディエンスのリストを作成し、Google広告リマーケティングに活用できます。一定の条件を満たせば機械学習による予測オーディエンスの利用も可能で、広告に取り組んでいる企業は広告のパフォーマンス改善の一手としてぜひ積極的に活用したい機能です。

◯ オーディエンスのリマーケティング活用

Google広告のリマーケティングを実施する際、GA4とリンクさせずGoogle広告側の機能を利用こともあります。その場合、準備としてGoogle広告のリマーケティングタグをサイトに埋め込む必要があります。準備が完了すれば「ページAは表示したが、ページBは表示していないユーザー」など、ページの表示を条件としたリマーケティングリストを作成可能になります。

一方、GA4を利用しGoogle広告と連携設定をすることで、GA4に蓄積されたユーザーの属性や行動に関するデータを用いてオーディエンスを作成し、Google広告のリマーケティングリストとして利用することが可能です。この方法は一般的に「GAリマーケティング」と呼ばれており、Google広告側の機能を利用したリターゲティングリストよりも、柔軟、かつ複雑なリストも作成できます。

自社サービスのリード獲得を目的としたサイトで、サービスページを90%以上スクロールしてじっくり閲覧したが問い合わせに至っていないユーザーをセグメントし、オーディエンスを作成する手順を見ていきましょう。

① 「設定」へアクセスし、「オーディエンス」の項目を選択する
② 「オーディエンス」ボタンをクリックし「カスタムオーディエンスを作成する」を選択する
③ デフォルト「無題のオーディエンス」に、わかりやすいオーディエンス名を設定する
④ 合致条件にスクロールイベント（「scroll」）を選択し、パラメータを次のように設定する
　　page_location：「/service/」を含む（サービスページのディレクトリを設定）
　　percent_scrolled：「90」を含む（90%スクロール達成を設定）
⑤ 除外条件に「ユーザーを完全に除外する」で、問い合わせイベント（キャプチャでは「generate_lead」）を選択する
　　※「ユーザーを一時的に除外する」を選択すると、設定した有効期間中に該当の条件に合致するユーザーが除外され、「ユーザーを完全に除外する」を選択すると、過去一度でも該当の条件に合致するユーザーがリストから除外されます。
⑥ 有効期間を「上限に設定する」に設定する
　　※有効期間は1〜540日の間で、一度ユーザーが指定した条件に合致してリストに追加されてから何日間リストに保存するかを設定できます。「上限に設定する」を選択すると、一度追加されたユーザー

は除外条件に合致しない限りずっとリストに保存されます。

⑦ 「保存」ボタンをクリックする

GA4でオーディエンスを作成すると、Google広告の共有ライブラリに自動でリストが連携されるので確認してみましょう。なお、オーディエンスにユーザーが追加されるまで24〜48時間かかることがあります。

例えば、自社サービスにコンバージョンするユーザーはコンバージョン前にLP上のシミュレーション機能をよく利用する、といったユーザー行動がわかっていれば、GA4でシミュレーション機能の利用をイベント計測しておき、シミュレーション機能を利用したユーザーは確度が高いユーザーとしてGA4でオーディエンスを作成し、Google広告リマーケティングに利用するのもよいでしょう。単純にLPにアクセスしたことのあるユーザーに対して広くリマーケティングでアプローチするよりもシミュレーション機能を利用したユーザーに絞ってアプローチするほうが、確度が高いはずです。

GA4に蓄積されたアクセスデータを用いることでリスト作成の柔軟性、拡張性が各段に上がり、より解像度を高く、ユーザーをピンポイントでセグメントできるので、リマーケティング広告のパフォーマンス改善の効果も期待できます。

⬤ 予測オーディエンスの活用

GA4では、機械学習による「予測オーディエンス」という機能があり、「7日以内に初回購入する可能性が高いユーザー」「28日以内に利用額上位になると予測されるユーザー」といったユーザーを機械学習で判定し自動でセグメント化してくれます。利用条件に一定数以上のサンプル数が必要で、かつ、本書執筆時点ではEコマース限定ではありますが、利用条件を満たしている企業はぜひ活用したい機能です。

⬤ 予測オーディエンスの利用条件

予測オーディエンスの利用には、予測モデルをトレーニングするために次の条件を満たしている必要があります。

1. 購入の可能性を有効化するには、purchaseイベント（または、アプリ内購入のin_app_purchaseイベント）を計測しておく必要がある
   ※purchase イベントを収集する場合、そのイベントの value と currency パラメータも要収集。
2. 条件を満たしたユーザーと条件を満たしていないユーザーが、過去28日の間ずっと、7日間で1,000人以上ずつのサンプル数を保っている必要がある
3. モデルの品質が一定期間維持されていることが要件となる
   ※例えば、来訪ユーザーのアクセス状況に変化が大きいタイミングなどでモデルの品質が維持されていないと判定され、予測オーディエンスが利用不可となる場合があります。

上記の条件を満たしていない場合は、予測オーディエンスが「利用不可」と表示されます。

　本書執筆時点ではECサイトで、かつ、購入ユーザー数が週に1,000ユーザーを上回っているサイトのみで、予測オーディエンスが利用可能となっています。ECサイト以外でも利用できるように今後の機能開発が期待されます。

予測オーディエンスを広告に活用する

　それでは、「28日以内に利用額上位になると予測されるユーザー」の予測オーディエンスを作成していきましょう。

①「設定」へアクセスし、「オーディエンス」の項目を選択する
②「オーディエンスの候補」で「予測可能」のタブへ移動し「28日以内に利用額上位になると予測されるユーザー」を選択する
③「パーセンタイル」をクリックし、予想の確度を調整する
　※例えば95％から80％に引き下げると、確度の高い上位20％を対象とする設定に変更されます。リストに追加されるユーザーの条件を緩めることで、リストの質は下がる可能性はありますがよりたくさんのユーザーがリストに追加されやすくなります。逆にパーセンタイルを上げることで条件

が厳しくなり、リストの質が高まると考えられます。

④ 「保存」ボタンをクリックする

「28日以内に利用額上位になると予測されるユーザー」でオーディエンスを作成することで、より自社でたくさん購入してくれる可能性が高いユーザーに絞って広告を配信できます。また、更にGoogle広告の類似ユーザーの機能を使えば、作成したオーディエンスのリストをベースに、自社にフィットする可能性の高い新規の潜在ユーザーを開拓することも可能です。

GA4のオーディエンス機能は、上手く使いこなせばGoogle広告のパフォーマンスを大きく改善させる可能性もあります。Google広告に取り組んでいる企業はぜひGA4のオーディエンスの活用に取り組んでみてください。

Chapter 8

コンテンツの有効性を
評価する

ユーザーはウェブサイトの「コンテンツ」を利用するためにサイトに来訪し、「コンテンツ」を読んで知識を深め、最後には「購入」や「お問い合わせ」などのアクションを起こします。その点で、コンテンツがいかにユーザーをコンバージョンに導いているかを分析することは重要です。本章では、コンテンツの有効性の評価に焦点をあてて分析手法を紹介します。

01

コンテンツのコンバージョン貢献を確認する

コンテンツのコンバージョン貢献を確認するために、ユーザーを「特定コンテンツを表示した」か「していない」に分け、それぞれの群のコンバージョン率を確認する手法があります。

● コンテンツ閲覧有無でユーザーセグメントを作成する

最も単純な方法としては、探索配下レポートでユーザーセグメントを作成する方法です。ユーザーセグメントを「特定コンテンツを表示した」、「特定コンテンツを表示していない」を条件として2つ作成します。その上で、それぞれのユーザー数（A）、購入者数（B）、そして（B）/（A）で求めたユーザー単位CVRを比較します。2つのセグメントのユーザー単位CVRに差がなければ「特定コンテンツを表示した」というユーザー行動がコンバージョンを促進していないことになります。逆に、「特定コンテンツを表示した」セグメントのユーザー単位CVRが高ければそれがコンテンツのコンバージョン貢献と考えてよいでしょう。例えば、Google Merchandise Storeの新着商品のページ（ページタイトル：New | Google Merchandise Store）を例にとって、コンバージョン貢献を確認してみましょう。

次はデモサイトにおいて、新着商品のページ（ページタイトル：New | Google Merchandise Store）を表示したユーザーセグメントです。

同時に、新着商品一覧のページを閲覧していないユーザーを次の通りに作成します。

　それぞれのセグメントに属する「総ユーザー数」と「総購入者数」を比較したレポートが次の画面です。期間は2023年2月1日～2月28日です。

セグメント		総ユーザー数	↓総購入者数
	合計	74,835 全体の 100.0%	704 全体の 100.0%
1	Newページを閲覧していないユーザー	70,957	454
2	Newページを閲覧したユーザー	3,844	250

セグメント	総ユーザー数	総購入者数	ユーザー単位CVR
Newページを閲覧 していないユーザー	70,957	454	0.64%
Newページを閲覧 したユーザー	3,844	250	6.50%

MEMO

本書執筆時点では購入（purchaseイベントの発生）だけを対象としたコンバージョン率の指標が提供されていません。そこでExcel等で計算する必要があります。次の通り、Newページを閲覧したユーザーのほうが10倍以上近くCVRは高くなっています。仮にこのような差がついた場合には、コンテンツのコンバージョン貢献があったと考えてよいでしょう。

　こうしたコンテンツの評価方法については、「Newページを閲覧したユーザーのCVRが高いのはもともと購入する気の高いユーザーがそのページを見たからであって、コンテンツがコンバージョン率を高めたわけではない」という議論がいつも出てきます。

　確かにその通りですが、「コンテンツを閲覧して購入する気持ちが高まったかどうか」「コンテンツを見たからこそ購入したのか」は、アンケート調査等でしかわからず、ウェブ解析としては、ユーザーの行動をもとに判断する本手法でコンテンツを評価するしかないです。コンテンツを閲覧したから購入したユーザーが存在することもまた事実なので、本手法を紹介しています。

● コンテンツ閲覧順によるパフォーマンスの差異を確認する

次に、「コンテンツを一定順序で閲覧する」ことがコンバージョン率アップにどのように貢献するのかを調べる手法を紹介します。基本的には、セグメントを作成してユーザーをグループに分け、比較するという手法です。

ユーザーセグメントの作成方法として「シーケンス」を利用します。

ここでは、同一セッションでアパレル商品一覧ページ（ページタイトル：Apparel ¦ Google Merchandise Store）の後に新着商品のページを見たユーザーと、トップページ（ページタイトル：Home）の後に新着商品のページを見たユーザーを比較しています。

同一セッションでアパレル商品一覧ページの後に新着商品のページを見たユーザーのセグメントは次の通りに作成します。

同一セッションでトップページの後に新着商品のページを見たユーザーのセグメントは次の通りに作成します。

気を付けるべきなのは、1人のユーザーが、「トップページ」→「新着商品ページ」→「アパレル商品一覧ページ」→「新着商品ページ」といった行動をすると、両方のセグメントに含まれることです。

　厳密に比較したい場合は、同一セッションでApparelページとトップページの両方を表示したユーザーを除外します。

セグメント	総ユーザー数	↓総購入者数
合計	**2,987** 全体の100.0%	**217** 全体の100.0%
1　Home→Newユーザー	2,799	205
2　Apparel→Newユーザー	539	52

　Excelでユーザー単位CVRを計算して比較してみると次の通りです。この場合、ユーザー単位のコンバージョン率は以下の通りになりました。

セグメント	総ユーザー数	総購入者数	ユーザー単位CVR
Home→New ユーザー	2,799	205	7.32%
Apparel→New ユーザー	539	52	9.65%

● セグメントの重複レポートの利用

　また、3つ目のコンテンツ評価手法として、探索配下レポートの「コンテンツの重複」を利用した方法を紹介します。この評価手法では、2つのコンテンツについて、重複して接触したユーザーのコンバージョン貢献が可視化できます。

　このレポートでは、ユーザーを次の3つのグループに分けてコンバージョン率を評価できます。

- ●「コンテンツAは閲覧したが、Bは閲覧していないユーザー」(A)と、うち、購入したユーザー(a)
- ●「コンテンツBは閲覧したが、Aは閲覧していないユーザー」(B)と、うち、購入したユーザー(b)
- ●「コンテンツAもBも閲覧したユーザー」(C)と、うち、購入したユーザー(c)

　次の画面は、コンテンツAを「新着商品一覧」、コンテンツBを「アパレル商品一覧」のページとしたときのレポートです。

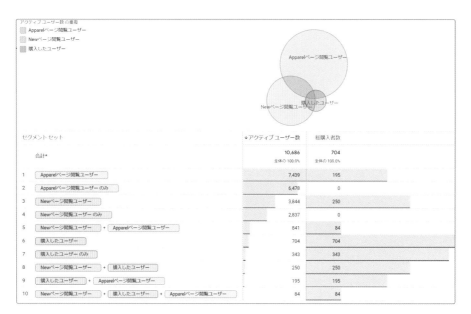

Excelで計算すると、次の通りになります。

セグメント	アクティブユーザー数	総購入者	ユーザー単位CVR
「コンテンツAは閲覧したが、Bは閲覧していないユーザー」(A)	3003	166	5.5%
「コンテンツBは閲覧したが、Aは閲覧していないユーザー」(B)	6589	111	1.7%
「コンテンツAもBも閲覧したユーザー」(C)	925	84	9.1%

　コンテンツAもBも閲覧したユーザーのユーザー単位CVRが最も高いという結果となりました。自社サイトに、例えば、「仕様」と「事例」のように、コンテンツを2つ閲覧してもらうと商品やサービスのよさがよく理解してもらえる性質のコンテンツがあれば、本手法でコンテンツのコンバージョン貢献を評価し、もし、それが、上記のように「コンテンツを2つ閲覧したユーザーのコンバージョン率が高い」という結果になれば、メールマガジンや、マーケティング・オートメーションを利用して、できるだけ2つのコンテンツを見てもらうようユーザーを誘導するといった施策が合理性を持つ可能性が高いです。

02

ユーザーの再訪問を喚起した
コンテンツを特定する

ユーザーの中には、初回訪問だけをして2回目訪問をしないユーザーと、2回目訪問をするユーザーがいます。とすれば、2回目の訪問をした際に閲覧したコンテンツは「2回目の訪問をしてでも閲覧したかったコンテンツ」「初回訪問時に気になっていたコンテンツ」である可能性が高くなります。そのコンテンツがわかれば、初回訪問だけして2回目訪問をしていないユーザーに訴求するコンテンツとして有効な可能性があります。

そこで2回目の訪問で閲覧されたコンテンツを確認する方法を紹介します。全体の手順としては、探索配下の「自由形式」レポートで2回目のセッションに絞り込んだセグメントを作成します。同セグメントを適用した上で、ページタイトルごとに表示回数とユーザーエンゲージメントを確認します。

● 2回目の訪問に絞り込むセグメントの作成

2回目の訪問に絞り込むにはイベントパラメータ ga_session_number を利用します。Chapter3-01で説明した通り、GA4はユーザー行動を「イベント」とそのイベントの詳細である「イベントパラメータ」で計測します。ga_session_number は何回目の訪問かをしめすイベントパラメータです。初回訪問では1が、2回目訪問では2が記録されます。

以下はあるユーザーが、2回目訪問のときに、ページタイトルがHomeのページと、Saleのページを閲覧した模式図です。

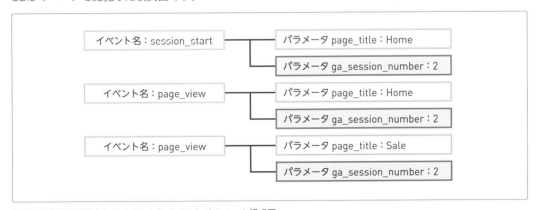

2回目の訪問で記録されるイベントとイベントパラメータ模式図

2回目の訪問で記録された全てのユーザー行動にga_session_idとして2が記録されていることがわかります。そこで、次の通りにセッションセグメントを作成すると、ga_session_numberが2であるセッション、つまり2回目の訪問に絞り込むことができます。

1
2
3
4
5
6
7
8
9

○ 探索配下でのレポートの作成

探索配下で次の通りにレポートを作成します。「ユーザーエンゲージメント÷表示回数」でページ滞在時間が算出できますが、計算するまでもなく、インタビューのページのページ滞在時間が突出しています。

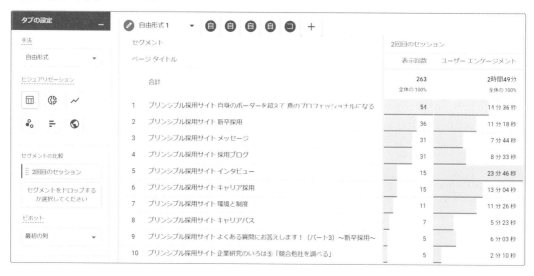

このレポートからは、次のことが言えます。特にBtoBのサイトで、コンテンツマーケティングを行っているマーケターには参考になるレポートと言えます。

- 初回訪問して、2回目訪問をしていないサイト訪問者にリマーケティング広告で再訪問を促す際には「インタビュー」のページ閲覧を促すと、CTRが高まる可能性がある
- 内定を出したが、入社を決めていない候補者には、インタビューのページを見てもらうことで入社意欲を高められる可能性がある

2回目訪問のランディングページを確認する

2回目訪問でユーザーが閲覧したコンテンツの確認方法は上記で説明した通りです。では、2回目の訪問のときに利用されたランディングページはどのように確認すればよいでしょうか。それも探索レポートで確認できます。

具体的には、前掲のレポートに「イベント名がsession_startに完全一致する」というフィルタを適用することで実現できます。

セグメント	2回目のセッション	
ページタイトル	セッション	エンゲージメント率
合計	162 全体の100%	45.06% 平均との差 0%
1　プリンシプル採用サイト 自身のボーダーを超えて 真のプロフェッショナルになる	50	62%
2　プリンシプル採用サイト 新卒採用	33	24.24%
3　プリンシプル採用サイト メッセージ	27	48.15%
4　プリンシプル採用サイト 採用ブログ	9	77.78%
5　プリンシプル採用サイト キャリア採用	7	28.57%
6　プリンシプル採用サイト インタビュー	6	50%
7　プリンシプル採用サイト 環境と制度	5	40%
8　プリンシプル採用サイト 【プリンシプル大学】ベンチャー企業における企業内大学の設置例	3	33.33%
9　プリンシプル採用サイト 新入社員育成のため効果的なOJTを推進中	2	0%
10　プリンシプル採用サイト 新型コロナウイルスを巡る今後の状況予測と今できる対策〜プリンシプルの取組	2	0%

フィルタにより、セッションが開始した時のページ、つまりランディングページだけが記録されます。ランディングページはセッションスコープのディメンションですので、指標も上記のようにセッションやエンゲージメント率等セッションスコープの指標で評価するようにしましょう。

上記はディメンションとして「ページタイトル」を使っています。通常はセッションスコープのディメンションである「ランディングページ ＋ クエリ文字列」を利用するケースですが、同ディメンションを使うと、クエリパラメータの有無によりランディングページがバラけてしまいます（例 「/index.html」と、「/index.html?fbcid=xxx」が別ページとして扱われる）。それを回避する場合には上記のようにページタイトルをディメンションと利用してもよいでしょう。

03 コンバージョンしたユーザーがよく閲覧したコンテンツを特定する

コンバージョンしたユーザー群とコンバージョンしていないユーザー群で、よく閲覧したコンテンツを比較することにより、コンバージョンしたユーザー群がよく閲覧しているコンテンツを特定できます。

それらのコンテンツはユーザーをコンバージョンに導く力が強い可能性があります。つまり、自社のサービスや商品の強みや競合サービスや商品との差別化ポイントを表している、あるいは、自社のサービスや商品がサイトを訪問したユーザーの課題を解決できることを、説得力をもって伝えている可能性があります。

そこで、リマーケティング広告を通じて、コンバージョンしていないユーザーにそれらのコンテンツを閲覧してもらう、新規ユーザーを獲得するランディングページを作成する際、それらのコンテンツのエッセンスを掲載する、それらのコンテンツをより詳細に説明するコンテンツを制作する等のアクションを起こすことにより、コンバージョン獲得に貢献する可能性があります。

全体の手順は次の通りです。

① 探索配下で、「コンバージョンしたユーザー」と「コンバージョンしていないユーザー」の2つのユーザーセグメントを作成する
② それら2つのセグメントを適用した上で、自由形式で次のレポートを作成する
　・ディメンション：ページタイトル
　・指標：利用ユーザー、ユーザーエンゲージメント
③ データをファイルでダウンロードして、セグメント間の比較を行う

◯ CVの有無別に2つのユーザーセグメントを作成する

対象としているサイトは、jump_to_herpというイベントをコンバージョン対象イベントとして設定しているので、次の通りにユーザーセグメントを作成します。

> **MEMO**
>
> 読者の皆さんの環境では、自社で設定しているコンバージョンイベントを設定してください。

ユーザーセグメント「CVユーザー」の作成

ユーザーセグメント「CVしなかったユーザー」の作成

　コンバージョンしなかったユーザーをセグメントに含めるには、「除外」の機能を利用します。次の画面で表している通り、イベントjump_to_herpを送信したことのあるユーザーを除外することで、コンバージョンしなかったユーザーをセグメントに含めています。

◯ 探索配下の自由形式でレポートを作成する

　上記2つのセグメントを適用した上で、次の通りにレポートを作成します。

セグメント ページタイトル	CVしなかったユーザー		CVユーザー	
	アクティブ ユーザー数	ユーザー エンゲージメント	アクティブ ユーザー数	ユーザー エンゲージメント
合計	508 全体の67.64%	15時間56分 全体の54.67%	243 全体の32.36%	13時間12分 全体の45.33%
1 プリンシプル採用サイト 自身のボーダーを超えて 真のプロフェッショナルになる	229	1時間31分	154	1時間31分
2 プリンシプル採用サイト 新卒採用	120	1時間12分	136	1時間47分
3 プリンシプル採用サイト メッセージ	106	48分36秒	96	56分43秒
4 プリンシプル採用サイト キャリア採用	51	18分33秒	81	57分13秒
5 プリンシプル採用サイト 環境と制度	64	2時間00分	40	1時間23分
6 プリンシプル採用サイト 採用ブログ	60	58分13秒	42	32分30秒
7 プリンシプル採用サイト インタビュー	64	1時間14分	23	1時間11分
8 プリンシプル採用サイト キャリアパス	25	11分42秒	26	26分01秒
9 プリンシプル採用サイト よくある質問にお答えします！（パート3）〜新卒採用〜	27	15分54秒	20	13分40秒
10 プリンシプル採用サイト 新入社員インタビュー常にValueを出し 海外支社を立ち上げたい	14	15分20秒	11	26分50秒

コンバージョンしなかったユーザーが508人、コンバージョンしたユーザーが243人いることがわかります。また、それらのユーザーがどのページを見たか、どのページにどのくらいの時間、滞在したのかがわかります。

「ユーザーエンゲージメント」は非常に長い時間が記録されていますが、ExcelやGoogleスプレッドシートでユーザーエンゲージメントを利用ユーザーの数で割ることでユーザー平均のユーザーエンゲージメントが取得できます。

それを実行したのが次の画面コピーです。

セグメント ページタイトル	CVしなかったユーザー				CVユーザー				比率	
	利用ユーザー		ユーザーエンゲージメント		利用ユーザー		ユーザーエンゲージメント		利用ユーザー	ユーザーエンゲージメント
1 プリンシプル採用サイト 自身のボーダーを超えて 真のプロフェッショナルに	229	45.1%	5,518	24.1	154	63.4%	5,476	35.6	1.41	1.48
2 プリンシプル採用サイト 新卒採用	120	23.6%	4,345	36.2	136	56.0%	6,462	47.5	2.37	1.31
3 プリンシプル採用サイト メッセージ	106	20.9%	2,916	27.5	96	39.5%	3,403	35.4	1.89	1.29
4 プリンシプル採用サイト キャリア採用	51	12.6%	1,113	21.8	81	33.3%	3,433	42.4	3.32	1.94
5 プリンシプル採用サイト 環境と制度	64	12.6%	7,254	113.3	40	16.5%	4,991	124.8	1.31	1.10
6 プリンシプル採用サイト 採用ブログ	60	11.8%	3,493	58.2	42	17.3%	1,950	46.4	1.46	0.80
7 プリンシプル採用サイト インタビュー	64	12.6%	4,464	69.8	23	9.5%	4,307	187.3	0.75	2.68
8 プリンシプル採用サイト キャリアパス	25	4.9%	702	28.1	26	10.7%	1,561	60.0	2.17	2.14
9 プリンシプル採用サイト よくある質問にお答えします！（パート3）〜新卒	27	5.3%	954	35.3	20	8.2%	820	41.0	1.55	1.16
10 プリンシプル採用サイト 新入社員インタビュー常にValueを出し 海外支社を立	14	2.8%	920	65.7	11	4.5%	1,610	146.4	1.64	2.23
11 プリンシプル採用サイト プリンシプル流「100人組織でのSlack運用方法」	24	4.7%	2,033	84.7	0	0.0%	0	#DIV/0!	0.00	#DIV/0!
12 プリンシプル採用サイト 社内メンター制度で実感した効果	21	4.1%	324	15.4	2	0.8%	50	25.0	0.20	1.62
13 プリンシプル採用サイト リモートでの入社＆研修 1年後クレド 賞受賞まで盛り	15	3.0%	1,416	94.4	6	2.5%	1,149	191.5	0.84	2.03
14 プリンシプル採用サイト 新入社員育成のため効果的なOJTを推進中	13	2.6%	342	26.3	8	3.3%	748	93.5	1.29	3.55
15 プリンシプル採用サイト 採用選考の方針と選考フロー	14	2.8%	867	61.9	6	2.5%	524	87.3	0.90	1.41
16 プリンシプル採用サイト 好きな分析を仕事に	16	3.1%	1,223	76.4	4	1.6%	1,034	258.5	0.52	3.38
17 プリンシプル採用サイト 企業研究のいろは3「競合他社を調べる」	10	2.0%	260	26.0	9	3.7%	230	25.6	1.88	0.99
18 プリンシプル採用サイト プリンシプル大学	9	1.8%	238	26.4	9	3.7%	375	41.7	2.09	1.58
19 プリンシプル採用サイト データ解析の知見を持ち国内外プロジェクトで活躍す	10	2.0%	908	90.8	6	2.5%	260	43.3	1.25	0.48
20 プリンシプル採用サイト プリンシプルは学生にとって初めて働く会社として	10	2.0%	607	60.7	5	2.1%	573	114.6	1.05	1.89
21 プリンシプル採用サイト もっと知る（会社紹介資料ダウンロード）	5	1.0%	20	4.0	8	3.3%	217	27.1	3.34	6.78
22 プリンシプル採用サイト データ解析チーフ・エバンジェリストへの道、そして	10	2.0%	1,125	112.5	3	1.2%	430	143.3	0.63	1.27
23 プリンシプル採用サイト プリンシプルお仕事図鑑「Tableauエンジニア」	10	2.0%	563	56.3	3	1.2%	212	70.7	0.63	1.26
24 プリンシプル採用サイト 新型コロナウイルスを巡る今後の状況予測と今できる	13	2.6%	198	15.2	0	0.0%	0	#DIV/0!	0.00	#DIV/0!
25 プリンシプル採用サイト 「働きがいのある会社」としての取り組み 2	5	1.0%	130	26.0	7	2.9%	1,014	144.9	2.93	5.57
	508				243					

21番の「もっと知る（会社紹介資料ダウンロード）」については、コンバージョンしたユーザーが閲覧した比率（ページ閲覧ユーザー数÷ユーザー数）が3倍以上高く、平均ユーザーエンゲージメント（ユーザーエンゲージメント÷ユーザー数）が6倍以上長いということがわかります。

鶏と卵の関係ですが、コンバージョンするユーザーは、ウェブサイトにある情報だけでなく、資料をダウンロードして会社の概要を確認したい、というニーズが高い可能性があるとともに、資料をダウンロードして確認したユーザーがコンバージョンしたくなった、という可能性もあります。

いずれにしても、コンバージョンしたユーザー、していないユーザーで閲覧したコンテンツの違いを確認することは、どのようなコンテンツをユーザーに見てもらうのか、どのようなコンテンツをサイトに追加していくべきなのかを考える上で、大きなヒントになります。

03

コンバージョンしたユーザーがよく閲覧したコンテンツを特定する

コンテンツの新規ユーザー獲得とコンバージョン貢献を確認する

　コンテンツの有効性を評価する1つの観点として、新規ユーザーのサイト訪問（初回訪問）をどれだけ獲得したかという点があります。Chapter4-01では、標準レポートの1つである「ユーザー獲得」レポートでユーザーが初回訪問に利用した参照元、メディア、チャネルの評価ができることを解説しています。

　本節では、新規ユーザーを獲得したコンテンツと、獲得した新規ユーザーが、いつ、どれだけのコンバージョンを発生させたかを確認する方法を学びます。

ユーザーの初回訪問を獲得したコンテンツの重要性

　流入経路も重要ですが、それと同じくらい初回訪問を獲得したコンテンツも重要です。ユーザーの初回訪問を獲得できるコンテンツは、SEO上高く評価されており検索結果上位に表示されていたり、ソーシャルメディアでの拡散力が強く、多くのユーザーに共有されたりしているからです。そうしたコンテンツを発見することで、今後作成するコンテンツのテーマやクオリティ、詳細度合いについて大きなヒントを得ることができます。

　また、新規ユーザーの獲得を目的とした広告を出稿している場合もあるでしょう。その場合でも、広告からどのコンテンツにユーザーを誘導すると効率よく新規ユーザーが獲得できるのか、また、それらユーザーからコンバージョンは発生しているのかを確認するという意味でも、ユーザーの初回訪問を獲得したコンテンツごとにパフォーマンスを確認するのは重要です。

新規ユーザーを獲得したページを確認する

　ところが「ユーザーの最初の参照元」や「ユーザーの最初のメディア」は存在しますが、「ユーザーの最初のランディングページ」というディメンションは存在しません。

　そこで、探索配下のレポートを自分で作成してユーザーの初回訪問時のランディングページを確認します。手順は次の通りです。

① 探索から、「コホート分析」レポートを開く
② レポート期間を調整する
③ 「タブの設定」で以下を設定する
- コホートへの登録条件：初回接触（ユーザー獲得日）／デフォルト
- リピートの条件：コンバージョンとして設定しているイベントを指定
- コホートの粒度：毎月
- 計算：標準　／デフォルト
- 内訳：ランディングページ＋クエリ文字列

- ● ディメンションあたりの行数：5　／デフォルト
- ● 値：アクティブユーザー　／デフォルト
- ● 指標のタイプ：合計

レポートを設定する「タブ設定」では次の画像の通りに設定します。多数の設定項目があるように見えますが「/デフォルト」と表示されている項目は初期設定ですので、いじる必要はありません。重要な設定は、リピートの条件として、コンバージョンとして設定しているイベントを指定することです。それにより、獲得した新規ユーザーが発生させたコンバージョン数を確認することができます。

次に掲載するレポート画面はレポート期間を2023年1月から3月としたうちの、1月の部分です。このレポートで、「新規ユーザーを獲得したランディングページ」の評価が可能です。

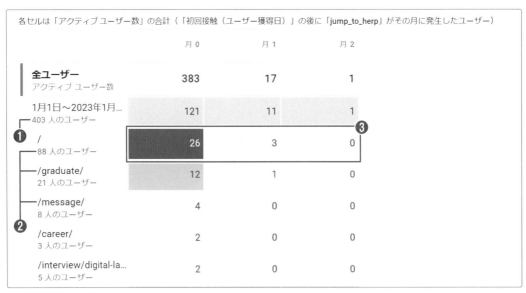

各セルは「アクティブユーザー数」の合計（「初回接触（ユーザー獲得日）」の後に「jump_to_herp」がその月に発生したユーザー）

	月0	月1	月2
全ユーザー アクティブ ユーザー数	383	17	1
1月1日〜2023年1月… 403 人のユーザー	121	11	1
❶ / 88 人のユーザー	26	3	0 ❸
/graduate/ 21 人のユーザー	12	1	0
/message/ 8 人のユーザー	4	0	0
❷ /career/ 3 人のユーザー	2	0	0
/interview/digital-la… 5 人のユーザー	2	0	0

❶ 1月にはサイト全体で403人の新規ユーザーを獲得した。

❷ そのうちトップページ「/」は88人、/graduate/は21人、/message/は8人の新規ユーザーを獲得した。

❸ トップページから獲得した、つまり、トップページを初回訪問時のランディングページとして利用した新規ユーザー88人のうち、コンバージョンイベントであるjump_ to_herpを発生させたユーザーが1月（画面中は月0と表示）に26人、2月に3人いた。

上記からわかるように、新規ユーザーを獲得したコンテンツごとに、獲得したユーザー数だけでなく、それらユーザーがいつ、何件のコンバージョンを発生させたかも確認することがわかります。

本サイトは求人への応募を行う外部サービスへのジャンプをコンバージョンとしており、ユーザーにとって検討期間はほぼ不要と思われます。そのため、いつコンバージョンしたかという情報はそれほど重要でありませんが、商材によっては、新規獲得したユーザーがコンバージョンするまでにある程度の検討期間を必要とする場合もあるでしょう。そのような場合に、本例のようにコホートデータ探索レポートを利用するとよいでしょう。

このサイトでは、新規ユーザー獲得の観点、さらに、コンバージョンの発生状況を勘案しても、トップページが優れているという判断ができます。

自然検索から獲得した新規ユーザーに絞り込む

新規ユーザーを獲得しているランディングページは確認できました。次に、それらのページが、自然検索やソーシャルメディア、あるいは広告といったどのような流入経路から新規ユーザーを獲得してくるのかを深掘りする方法を紹介します。

一例として、自然検索から新規ユーザーを確認するため、レポート全体に「初回訪問が自然検索からだったユーザー」のセグメントを適用します。セグメントの設定は次の通りです。自然検索以外に絞り込みたい場合には、「ユーザーの最初のメディア」のパラメータを変更してください。ディメンション「ユーザーの最初のメディア」がorganicと完全に一致するという条件で作成しています。

セグメントを適用した状態のレポートは、次の通りです。

各セルは「アクティブ ユーザー数」の合計（「初回接触（ユーザー獲得日）」の後に「jump_to_herp」がその月に発生したユーザー）

	月 0	月 1	月 2
自然検索から初回訪問したユーザー アクティブ ユーザー数	114	1	0
1月1日〜2023年1月... 166 人のユーザー	26	1	0
/ 55 人のユーザー	16	0	0
/graduate/ 11 人のユーザー	7	0	0
/interview/digital-la... 5 人のユーザー	2	0	0
/blog/20201218_01/ 7 人のユーザー	1	1	0
/principle-university/ 2 人のユーザー	0	0	0

本例は著者が属する株式会社プリンシプルの採用ページを対象としています。リードジェネレーションサイトのようなビジネスに直結するサイトではないため、レポート結果から驚くような事実やインサイトを見つけることができたわけではありません。しかしながら、一般のサイトでは、コンテンツの有効性を新規ユーザー獲得の観点から評価する手法として有効です。

> **COLUMN** 「最初のユーザーのデフォルトチャネルグループ」の利用方法
>
> 本節ではディメンション「ユーザーの最初のメディア」を利用して、「初回訪問が自然検索だったユーザー」で絞り込む方法を紹介しました。類似の絞り込みを行うのに「最初のユーザーのデフォルトチャネルグループ」を利用することもできます。
>
> 「最初のユーザーのデフォルトチャネルグループ」は、ユーザーがサイト訪問に利用した参照元プラットフォームやメディアを対象にGoogleがルールを適用してグループ化した流入経路の分類です。GA4のユーザーは全員が利用できるディメンションです。
>
> 分類されたチャネルの中には、自然検索を示すOrganic Searchの他にも広告以外のソーシャルメディアからの訪問であるOrganic Social、広告以外の動画サイトからの訪問であるOrganic Videoがあります。
>
> Organic Search経由での訪問が「サイト内にあるコンテンツがユーザーに見つけてもらえた」という観点での評価を可能にする一方、Organic SocialやOrganic Videoなどは「サイト外に投稿したコンテンツがユーザーの興味を引いた」という観点での評価を可能にします。
>
> SNS投稿や動画投稿を新規ユーザー獲得の施策として実施している担当者は、それらを利用した絞り込みを利用すると施策の評価が可能になります。

Chapter 9

サイトごとの追加設定

ここではサイトの事情に応じた設定について解説します。ご自身のサイトで当てはまる節があれば、これを参考に追加設定をしてみてください。最初の節ではまず、データの検証をする方法を身につけた上で追加設定を行うことについて解説しています。本章で必要な設定がある方は、まずは検証スキルを身につけていただき、その上でサイトの設定に臨むことをおすすめします。

01

計測したデータを確認する

　個別の実装の説明をする前に、変更の結果を確認する方法を解説しておきます。なぜなら本章で取り扱う内容はサイト固有の設定内容であり、これが正しく動作するかを確認することが必要になるためです。

　GA4に記録されたデータは通常、標準レポートか探索レポートで確認しますが、追加の設定や実装を加える場合、自分のデバイスが送信したデータに絞って閲覧したい、というニーズが発生します。つまり、実際のユーザーの動きを計測する前に、自分が意図した通りにイベントが記録されているのかを確認してから、実際のユーザーの計測を始める、という手順を踏みたい場合があります。特に購入完了などのコンバージョンイベントは、正しく計測されていることがサイト運営にとって重要になるので、そのときに利用可能な方法を把握しておくと、追加の設定を行う場合以外にも役に立つでしょう。

◯ GA4の詳細イベントデータを確認する4つの方法

　GA4では4つの異なる方法で、自分のデバイスから記録されたデータを確認できます。次の比較表で主要な違いを確認しましょう。

ツール名	DebugView	リアルタイム レポート	ユーザーエクスプローラ	Google BigQuery
カテゴリ	設定メニュー	標準レポート	探索レポート	Google Cloud Platform
利用前提条件	デバイスがデバッグモード状態になっていること	なし	なし	BigQuery 連携が完了していること
追加設定要否	不要	不要	ディメンションの閲覧にはカスタムディメンション設定が必要な場合あり	BigQuery 連携（当日分はストリーミングが必要）
データの絞り込み	デバッグモード状態のデバイスのみ	各種ディメンションによる絞り込み	client_id もしくは user_idで絞り込み	user_pseudo_id で絞り込み
時間軸	過去30分間	過去30分間	昨日以前〜データ保持期限まで	制限なし（当日分は追加設定）
費用	なし	なし	なし	BigQuery のクエリコスト
追加の必要スキル	なし	なし	cookie/IDFA/AAID/user_idの確認方法	cookie/IDFA/AAID/user_id の確認方法 SQL（select 句の基礎知識）
UI有無	あり	あり	あり	なし ※Googleデータポータルとの組み合わせを推奨

GA4では実装の確認専用機能として**DebugView**（デバッグビュー）が設けられました。

この機能を利用することで、実装の確認をしているデバイスのみのデータをリアルタイムに確認できます。基本的にDebugViewを利用することで実装の確認は可能ですが、他の手段があることを知っておくと、適切に対応できる場面が増えるでしょう。

DebugViewでリアルタイムの個票データを見る

DebugViewは設定メニューの中にあり、アクセスすると画面中央左側にデバイス選択画面が表示されます。この画面にはデバッグモードがONになっているデバイスのみが表示されるため、自分のデバイスのみがデバッグモードになっていれば、表示されるデバイスは1つですから、これを選択します。画面中央には選択したデバイスで発生したイベントが時系列に並ぶので、イベントの発生有無が確認できます。更にイベントを選択すると、画面中央右側にパラメータ（イベントパラメータとユーザープロパティ）が閲覧できる画面が出現し、各種パラメータにどのような値が記録されたのか、確認できます。

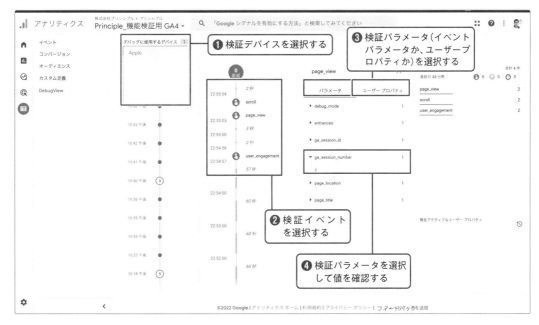

DebugViewを利用するための準備

デバイスのデバッグモードを有効化するには、ウェブブラウザで下記の3種類の方法を用います。

1. Google Chromeの拡張機能を利用する
2. GTMのプレビューモードを利用する
3. GA4タグの設定フィールドを利用する

1. Google Chromeの拡張機能を利用する

Google Chrome利用が前提となりますが、Googleが提供しているChrome拡張機能のGoogle Analytics Debuggerを有効化しているウェブブラウザでデータを閲覧することで、デバッグモードが有効化されます。

Google Analytics Debugger - Chrome ウェブストア

https://chrome.google.com/webstore/detail/google-analytics-debugger/jnkmfdileelhofjcijamephohjechhna

Google Analytics Debuggerを有効化したブラウザで送信されたイベントには、_dgb:1というイベントパラメータが付与されるようになります。確認したい方はChromeデベロッパーツールのコンソールを表示することで、次の画面のように確認できます

MEMO

デベロッパーツールを開かなくても、Google Analytics Debuggerを有効化していればブラウザはデバッグモードになります。

2. GTMのプレビューモードを利用する

GTMを利用してGA4タグを実装している場合、GTMのコンテナでプレビューモードを起動すると、デバッグモードが有効化されます。この場合もGoogle Analytics Debuggerを利用したときと同様、送信されるデータに_dbg:1が設定されていることを確認できます。

3. GA4タグの設定フィールドを利用する

より直接的な方法として、タグの設定フィールドとしてデバッグモードを設定することも可能です。

例えばGTMで実装したGA4タグの場合、設定フィールドにdebug_mode: true（値はfalseにしてもデバッグモードがONになるため注意）の記述を追記することで、デバッグモードを有効化することが可能です。ただし、この記述を残したままGA4タグを本番公開してしまうと、実際のユーザーと自分のデバイスの区別がつかなくなってしまいます。よってこの設定はGTMのプレビューモードなどでのみ利用し、検証が完了したら記述を削除するようにしましょう。

DebugViewには複数のデバイスが表示されることもあるので、注意が必要です。例えば企業規模が大きく、GA4を複数の部署が同時に触ることが想定される場合や、複数の実装者が関わるプロジェクトでは、必ずしもDebugViewに表示されるデータが自分のデバイスのものとは限りません。そのような場合、自分の送信したデータと照合し、間違いがないことを確認した上で検証を続けましょう。

○ オンデバイスで確認できないイベントのデバッグも可能

従来のビーコン型トラッキングツールではDebugViewが存在しませんでしたが、GA4でこれが導入された背景には自動収集イベントが関係していると考えられます。

従来のビーコン型トラッキングツールは、全てのイベントがユーザーのデバイス上で発生していたため、特定のデバイスからどのようなデータが送信されているのかさえ確認

すれば、ツール側でどのようなデータが記録されるのか把握可能でした。しかし、例えばGA4でユーザーがサイトを訪問した際に記録されるsession_startイベントは、ユーザーのデバイスから送信されるのではなく、GA4の中で自動的に発生しているイベントとなります（詳しくはChapter9-04のイベント収集方式で解説しています）。よって、DebugViewのような機能があって初めて、実際に記録されるデータが全て検証できることになるため、本節で紹介した4つの方法から、検証したいイベントの性質に合わせて適切なものを選択するとよいでしょう。

計測したデータを確認する

動線上でドメインが変わるサイトの設定

　決済画面だけ別ドメインに遷移するサイトで発生するのが、いわゆる「クロスドメイントラッキング」の問題です。どのような問題が発生し、どんなときに問題になるのか整理した上で、GA4での設定変更を行っていきましょう。

ドメインが変わる導線ではユーザーが別カウントになる

　ドメインが変わることの問題点は、ユーザー識別子として利用しているCookieが、ドメイン単位で管理されていることに起因します。サイト閲覧中にドメインが変わると、参照可能なCookieが変わるため、同じブラウザを使っていて同じCookie名（GA4では_ga）を参照していても、途中からCookieの値が変わってしまいます。このユーザー識別子が異なる結果として、解析ツール上では次の課題が発生します。

- ユーザー数が不正確になる
- セッション数が不正確になる
- コンバージョンしたユーザーのオリジナルの参照元がわからなくなる

GA4でこれらの課題を回避する方法は大きく2種類あります。

1. クロスドメイントラッキングの設定を行う
2. ドメインが変わる動線をなくす

　クロスドメイントラッキングの設定がGA4の機能のみで実現可能ですが、Safariなど一部のブラウザに搭載されているITPのような機能の出現により、それ以前のような精度を継続させることは今後難しくなります。昨今のプライバシー保護の潮流は今後も続くことが予想されるので、このことは分析設計上、念頭に置く必要があるでしょう。すなわち、ドメインが変わる動線は可能ならばなくすことが望ましいため、本当に別ドメインが必要なのか、関係者と議論することも必要でしょう。ただしドメインが変わる動線をなくすのはウェブサイトのシステム構成を見直す、根本的な変更になるため、すぐに取り組むことは難しいかもしれません。

　よって、長期的な視点ではドメインが変わる動線をなくすことを考えつつ、短期的にはクロスドメイントラッキング設定を行うのがよいでしょう。

クロスドメインが対応不要なパターンを確認する

　「ドメインが変わる」の意味するところは、ドメインそのものが変わることを意図しています。

例えば、www.example.comというホスト名があるとき、ドメイン名は「example.com」で、「www.example.com」は完全修飾ドメイン名（またはFQDN）と呼ばれます。

GA4のCookieはデフォルトではドメイン単位（example.com）で発行され、そのサブドメイン（www）でも同じCookieが参照可能です。よって、例えばexample.comに関連する2つのFQDN（www.example.com, shop.example.com）を往来する動線では、クロスドメインの対応は不要です。

○ GA4でドメインの設定を追加する

GA4のクロスドメイン設定は、GA4の管理画面（「管理」＞「データストリーム」＞「ウェブのデータストリーム」＞「Googleタグ」＞「（設定タブ内の）ドメインの設定」）上で完結できます。

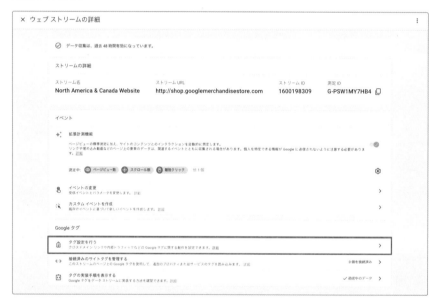

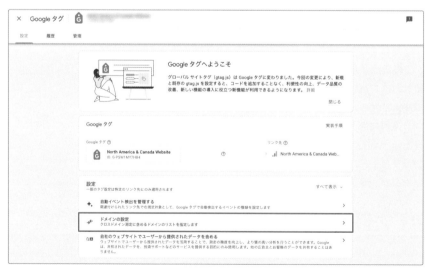

マッチタイプを選択し、遷移先となるドメイン名を手入力します。

仮にこのとき、遷移の流れが必ずwww.example.comからwww.testshop.comになることが確定している（逆のリンクが存在しない）場合、遷移先となるwww.testshop.comのみ入力します。

この設定を施すことで、ユーザーが条件にマッチするリンクをクリックした際、GA4のタグが、当該リンクにクエリパラメータ「_gl」を付与するようになります。

例えば、www.example.com/index.htmlページに存在する「カートを見る」ボタンリンク（リンク先URLがwww.testshop.com/cart/）をクリックした場合、遷移後にブラウザのアドレスバーに表示されるURLは下記のようになります。

https://www.testshop.com/cart/?_gl=1*abcde5*_ga*fghijklmn

GA4で除外する参照のリストを設定する

もう1つ設定する内容として、「参照元としないドメインの指定」（「管理」＞「データストリーム」＞「ウェブのデータストリーム」＞「Googleタグ」＞「（設定タブ内の）除外する参照のリスト」）を行います。クロスドメインの課題で挙げた「コンバージョンしたユーザーのオリジナルの参照元がわからなくなる」という課題を解決するために、遷移元となるドメインを指定することで、オリジナルの参照元を温存する設定です。

Googleタグの設定画面で「すべて表示」をクリックすると現れる、「除外する参照のリスト」を選択します。

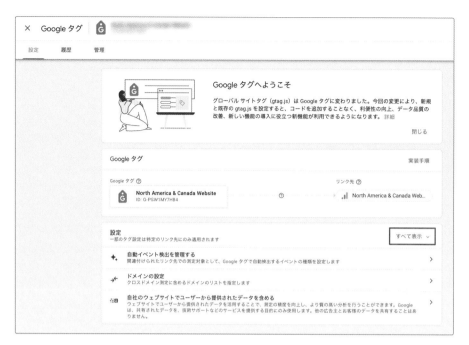

マッチタイプを選択し、遷移元となるドメイン名を手入力します。

仮にこのとき、遷移の流れが必ずwww.example.comからwww.testshop.comになることが確定している（逆のリンクが存在しない）場合、遷移元となるwww.example.comのみ入力します。

例：
www.google.comから流入し、www.example.com/index.htmlにランディング後、www.example.com内で回遊して、www.example.com/contact/thanks.html（コンバージョン）に到達したが、コンバージョンの参照元がwww.google.comにならず、salesforce.comとなってしまう。

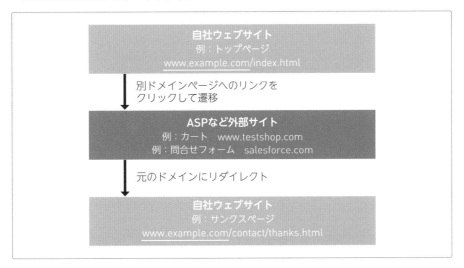

お問い合わせフォームなどでASPを利用している場合にこのような事象が発生することがありますが、この場合はsalesforce.comでページビューは発生しないため、先の「ドメインの設定」は不要です。一方、参照元として適切ではないため、除外する参照のリストにのみ、salesforce.comを登録しましょう。

MEMO

稀にですが、クロスドメインには該当しないものの、コンバージョンの参照元が特定のドメインに固定されてしまう場合があり、除外する参照のリストのみを利用する場合があります。

03 サイト種別に応じた推奨イベント設定

　GA4では全てのデータがイベントとして記録されますが、このイベントに種類があることはChapter3-01で説明しました。中でも推奨イベントは、GA4の機械学習機能を拡張する働きを持っており、これに資する実装を行うにはイベントの性質を理解することが重要です。この節ではeコマースサイトの推奨イベントを例に、どのような考え方で実装するのかを学習します。

推奨イベントと他のイベントとの違い

　推奨イベントは「目的が共通するサイト用に事前定義されたイベント」です。例えばeコマースサイトでは必ず「購入」というアクションが発生します。これをGoogleが推奨するイベント名「purchase」として計測することで、GA4の機械学習モデルが「購入」のコンバージョンデータであることを学習できるようになります。推奨イベントには、次節で説明するカスタムイベントとは異なる、次のような特徴があります。

- イベント名や推奨パラメータが事前定義されているため、実装仕様を固めやすい
- 予測指標・予測オーディエンス利用の前提条件になるものがある
  例：purchaseは「購入の可能性」「予測収益」の利用に必須
- 一部の標準レポートでデータが表示されるようになる
  例：「ライフサイクル」＞「収益化」＞「eコマース購入数」で、売れた商品や個数がわかる

推奨イベントの種類

　本書執筆時点でGoogleのヘルプに掲載されている推奨イベントは31（うち1つはアプリのみ）あります。推奨イベントは今後追加される可能性もありますが、この中から自身のサイトで使えそうなイベントを把握しておくとよいでしょう。

［GA4］推奨イベント - アナリティクス ヘルプ

https://support.google.com/analytics/answer/9267735?hl=ja

イベント名（アルファベット順）	トリガーのタイミング（ヘルプページの説明）	対象ページ／スクリーン例	Googleの推奨サイト
ad_impression	ユーザーに広告が表示されたとき（アプリのみ）	アプリでの広告表示による収益があるスクリーン	すべてのプロパティ向け
add_payment_info	ユーザーが支払い情報を送信したとき	ECサイトでクレジットカード情報などを入力するページ	オンライン販売向け

イベント名（アルファベット順）	トリガーのタイミング（ヘルプページの説明）	対象ページ/スクリーン例	Googleの推奨サイト
add_shipping_info	ユーザーが配送先情報を送信したとき	ECサイトで配送先住所などを入力するページ	オンライン販売向け
add_to_cart	ユーザーがカートに商品を追加したとき	ECサイトの商品一覧・商品詳細など、カート追加ボタンがあるページ	オンライン販売向け
add_to_wishlist	ユーザーがウィッシュリストに商品を追加したとき	ECサイトの商品一覧・商品詳細など、お気に入りボタンがあるページ	オンライン販売向け
begin_checkout	ユーザーが購入手続きを開始したとき	ECサイトのカートページなど、(amazon payなど外部遷移を含む)購入手続きに進むボタンがあるページ	オンライン販売向け
earn_virtual_currency	ユーザーが仮想通貨(コイン、ジェム、トークンなど)を獲得したとき	ポイントシステムがあるサイトのキャンペーンページ	すべてのプロパティ向け, ゲーム向け
generate_lead	ユーザーが問い合わせのためにフォームまたはリクエストを送信したとき	B2Bサイトのお問い合わせフォーム送信完了ページ	オンライン販売向け
join_group	ユーザーがグループに参加して、各グループの人気度が測定されたとき	ソーシャルゲームでギルドへの参加が完了したスクリーン	すべてのプロパティ向け, ゲーム向け
level_end	ユーザーがゲームで1つのレベルを完了したとき	ゲームステージをクリアした際のスクリーン	ゲーム向け
level_start	ユーザーがゲームで新しいレベルを開始したとき	新たなゲームステージを開始した際のスクリーン	ゲーム向け
level_up	ユーザーがゲームでレベルアップしたとき	ゲームでプレイヤーが経験値を得てレベルアップしたときのスクリーン	ゲーム向け
login	ユーザーがログインしたとき	会員制サイトのログインが完了したページ	すべてのプロパティ向け
post_score	ユーザーがスコアを投稿したとき	ゲームのスコアが表示されるスクリーン	ゲーム向け
purchase	ユーザーが購入を完了したとき	ECサイトの購入完了ページ	すべてのプロパティ向け, オンライン販売向け
refund	ユーザーが払い戻しを受けたとき	ECサイトのキャンセル完了ページ	すべてのプロパティ向け, オンライン販売向け
remove_from_cart	ユーザーがカートから商品を削除したとき	ECサイトのカートページ	オンライン販売向け
search	ユーザーがお客様のコンテンツを検索したとき	ページ遷移を伴わないサイト内検索結果ページ	すべてのプロパティ向け
select_content	ユーザーがコンテンツを選択したとき	ブログサイトの記事一覧ページ	すべてのプロパティ向け, ゲーム向け
select_item	ユーザーがリストから商品を選択したとき	ECサイトの商品一覧ページ	オンライン販売向け
select_promotion	ユーザーがプロモーションを選択したとき	ECサイトのサイト内プロモーションバナーが表示されるページ	オンライン販売向け
share	ユーザーがコンテンツを共有したとき	ブログサイトの(SNSシェアボタンが配置されている)記事ページ	すべてのプロパティ向け
sign_up	ユーザーが登録して、各登録方法の人気度が測定されたとき	会員制サイトのアカウント登録が完了したページ	すべてのプロパティ向け

イベント名（アルファベット順）	トリガーのタイミング（ヘルプページの説明）	対象ページ/スクリーン例	Googleの推奨サイト
spend_virtual_currency	ユーザーが仮想通貨（コイン、ジェム、トークンなど）を使用したとき	ポイントシステムがあるサイトのポイント特典申し込み完了ページ	すべてのプロパティ向け, ゲーム向け
tutorial_begin	ユーザーがチュートリアルを開始したとき	アプリの説明開始スクリーン	すべてのプロパティ向け, ゲーム向け
tutorial_complete	ユーザーがチュートリアルを完了したとき	アプリの説明完了スクリーン	すべてのプロパティ向け, ゲーム向け
unlock_achievement	ユーザーが実績を達成したとき	ユーザーがバッヂを獲得したスクリーン	ゲーム向け
view_cart	ユーザーがカートを表示したとき	ECサイトのカートページ	オンライン販売向け
view_item	ユーザーが商品を表示したとき	ECサイトの商品詳細ページ	オンライン販売向け
view_item_list	ユーザーが商品やサービスの一覧を表示したとき	ECサイトの商品一覧ページ	オンライン販売向け
view_promotion	ユーザーがプロモーションを表示したとき	ECサイトのサイト内プロモーションバナーが表示されるページ	オンライン販売向け

◯ 推奨イベントのコンバージョン設定

推奨イベントの一部は自動的にコンバージョンとしてマークされるものがあります。例えば、ECサイトの購入完了を示すpurchaseイベントはこれに当てはまり、purchaseイベントが記録されると自動的にコンバージョンとしてマークされます。アプリのfirst_openイベントも自動的にコンバージョンとしてマークされます。ただ、一般的にほとんどの推奨イベントは手動でマークする必要があるので、コンバージョンとして登録したいイベントは、設定メニューのイベント一覧から設定するか、同メニューのコンバージョン一覧から手動で登録する必要があります。

◯ 推奨イベント設計例

わかりやすい例として、リードジェネレーションサイト用のgenerate_leadイベントの実装仕様を確認してみます。ヘルプページでは、イベント名に加えてパラメータ設定が推奨されているので、下記ヘルプページの仕様を確認しながら実装します。

Google アナリティクス 4 イベント | Google アナリティクス 4 プロパティ | Google Developers

https://developers.google.com/analytics/devguides/collection/ga4/reference/events?hl=ja#generate_lead

パラメータ名	データ型	必須	値の例	説明
currency	string	◯	"JPY"	問い合わせの価値を設定する場合の通貨コード。valueパラメータを設定する場合は必須。 3文字のISO4217（https://en.wikipedia.org/wiki/ISO_4217#Active_codes）形式。
value	number	◯	10000	問い合わせのビジネス的価値を金額で設定する。 イベントをコンバージョンとして扱う場合、広告費用対効果の計算にも利用するため推奨。

GTMで設定する場合の例

- 選択するタグの種類：Googleアナリティクス：GA4イベント
- イベント名：generate_lead
- イベント パラメータ：
  ・currency：JPY
  ・value：10000

推奨イベントに当てはまらないものはカスタムイベントを利用

ここまで推奨イベントについて解説しましたが、世の中のウェブサイトは千差万別であり、推奨イベントでカバー可能な範囲は限られています。

一方で「とりあえず全てのユーザーアクションを固有のイベントで取得する」といったアプローチでは、GA4の機械学習機能も活用できないため、新たなイベントの実装を考える際は次の流れで考えます。

1. 自動収集イベント（＋拡張計測イベント）で計測されているものがあれば、それを利用
2. 新たに計測する場合は推奨イベントの中に該当するイベントがあるか確認
   →推奨イベントに適切なイベントがある場合、それを利用
3. 既存のイベントや推奨イベントに適切なイベントがない（もしくは推奨イベントの中でもコンバージョンを分けて登録したい）場合、独自にカスタムイベントを定義する

このようにイベント設計では、無理に推奨イベントの枠に収めるのではなく、計測要件に合わせて柔軟に利用可能なカスタムイベント（後の節で解説）を利用することも頭の片隅に入れておきましょう。

04 運営方針に応じたイベントの設定

これまでのGAとGA4で大きく異なる点の1つが、イベントの実装方法です。

従来（UA）はウェブサイトでページビューやイベントを計測する際、スクリプトタグを埋め込むことが必要でした。よって、データの閲覧はGA、データの収集はGTMといった、ツール別の役割分担が明確にありました。

GA4のウェブのデータストリームにイベントを記録する方法を体系的に書くと次のようになり、管理画面から能動的にイベント設定を行う機能が4つもあることがわかります。

イベント収集方式（大分類）	イベント収集方法	ベースイベントの作成	イベント発生源
タグ実装による設定	Googleタグによる実装	任意に可能	ウェブサイト
	GTMによる実装	任意に可能	ウェブサイト
GA4管理による画面設定	自動計測イベント＊		GAサーバー内
	拡張計測イベント	部分的に可能	ウェブサイト
	イベント作成機能		ウェブサイト
	イベント変更機能		ウェブサイト
	オーディエンストリガーイベント		GAサーバー内

＊自動計測イベントはGA4のデフォルト機能のため、変更を加えることはできない

表中に示した「ベースイベント」については、本書特有の概念のため、次の図にて説明します。

本節で紹介する「イベント作成機能」では、既存のイベントを用いて新たなイベントを追加できます。その際の新たなイベント定義のベースとなる既存イベントのことを便宜上、ベースイベントと呼んでいます。

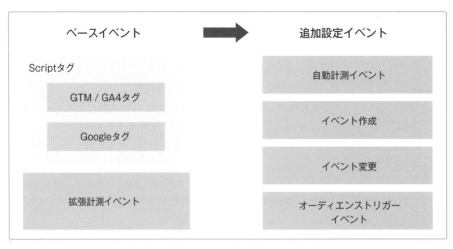

2つのイベント収集方式の使い分け

Chapter3-01の説明の通り、2つの方式の使い分け方の大方針は次のように決まります。

1. ベースとなるイベントがあれば、GA4管理画面からイベントを追加設定できる
2. ベースとなるイベントがなければ、タグを実装してイベントを追加する

　ベースとなるイベントの管理ができるのは「Googleタグによる実装」「GTMによる実装」「拡張計測イベント」の3つですから、まずは自身の管理するサイトで、それぞれのイベント収集方法からどのようなイベントが計測されているのか、把握することが重要です。
　また、タグ実装による設定と、GA4管理画面による設定の管理者が異なる場合、無用なイベントの重複などが発生する懸念があります。GA4でイベントの全体像が見えやすいのは、設定のレバーが多いGA4の管理画面を見ている人なので、イベント管理はそのような人に一任するのがよいでしょう。
　これらを把握した上で、本節と次節で「イベント作成機能」「イベント変更機能」「オーディエンストリガーイベント」の使い方を学びましょう。

イベント作成機能の利用方法

　イベント作成機能はChapter3-05で紹介済みですが、運用上は次のような場面で役立つでしょう。

1. 拡張計測イベントをベースに推奨イベントを定義する
2. 既存のイベントをベースに、クイックにイベントを追加する
3. 既存のイベントを条件で絞り込み、コンバージョン定義用のイベントを追加する
4. 既存のコンバージョン定義から一部を切り出すためにイベントを作成する

　特に1番目の場面は、手軽にページビューをベースにしたイベント計測が可能になった点がメリットと言えるでしょう。具体的には推奨イベントの実装を行う際、Chapter3で触れたように、generate_leadイベントをページビューベースで作成することに加え、sign_upやloginイベントなど、幅広いイベントに対して応用できます。
　この点はGTMに慣れていないマーケターなどにとっても朗報です。従来は最低限のコーディング知識が求められた（いわゆるローコード）イベント計測が、GA4では管理画面でコーディングスキルなし（いわゆるノーコード）で実装できるようになったため、GA4活用の裾野が広がるでしょう。
　2番目の場面では、新規コンテンツ公開に合わせて手軽にイベントを実装したい、といったニーズに応えられるでしょう。また比較的規模の大きいウェブサイトでは、GTMについても公開手順が定められていることがあります。簡単なイベントを追加するだけならば、GTMの公開プロセスをスキップしてイベントを追加できることは、作業時間の節約につながります。
　ただし、いずれの場面でも注意したいのは設定間違いで、意図しないイベントが記録さ

れてしまうことです。イベント作成直後はリアルタイムレポートやDebugViewを確認し、また数日間データを確認しながら、おかしなデータが収集されていないかチェックしましょう。

3番目はChapter3で解説の通り、page_viewイベントをベースにコンバージョンを定義する使い方で、これはUAを利用していた多くのウェブサイトで利用されるでしょう。

ここで想定した利用シーンからは、イベント作成の定義が大きく増えることはないはずですが、サイトによっては多くのイベント作成定義を行う可能性もあります。イベント作成の定義は1プロパティあたり50件までと制限があるので、イベントの設計上問題がないか、実装前にチェックするとよいでしょう。

イベント作成機能利用の具体例

Chapter3で解説したgenerate_leadイベントは、本節で紹介した1と3の場面両方の具体例になっていますし、2の場面はわかりやすいので、ここでは4の場面について解説します。

例えば、generate_leadイベントをコンバージョンとしているとき、generate_leadの中にもいくつかの種類が存在する場合があります。

generate_leadはB2Bのウェブサイトで発生するリード獲得コンバージョン、即ちウェブサイトを訪問したユーザーが、自身のコンタクト情報（メールアドレスや電話番号など）を登録してくれた、というイベントの総称で、これを表す推奨イベントと言えます。

しかし、B2Bのウェブサイトでコンタクト情報を獲得する方法にも種類があります。例えば、セミナーを開催して集めたリードもあれば、メールマガジンの購読で集めたものも、お問い合わせフォームから送信されたものもあるでしょう。

一方、B2Bのウェブサイトで直接的にリード獲得する方法としては、新サービスを打ち出して問い合わせを獲得することもありますが、セミナーを打ち出してコンタクト情報を獲得することもあります。つまり、リード獲得の施策に応じて、既に登録しているコンバージョン（ここではgenerate_lead）の中でも、施策別に閲覧するコンバージョンを分類したいニーズがあります。

特にGoogle広告を利用している場合、例えばGoogle広告で新商品を広告することによるリード獲得の成果をGA4で計測し、そのコンバージョン情報をGoogle広告にインポートしたい場合があります。ここではこの例に沿って、generate_leadのイベントから別のイベントを定義し、更にコンバージョンの登録を行うことで、イベント作成機能を利用してみます。

Chapter3で設定したgenerate_leadイベントをベースに設定してみます（キャプチャ再掲）。

この設定では、page_viewイベントをベースに、特定のイベントパラメータ（page_location）を条件として新たなイベントを定義しています。

その際の設定でパラメータ設定を確認すると、「ソースイベントからパラメータをコピー」のチェックボックスにチェックが入っています。

これの意味するところは、ベースとなっているpage_viewイベントで収集されるイベントパラメータとユーザープロパティをコピーして、generate_leadイベントでも利用可能にする、ということです。即ちpage_viewイベントで収集しているpage_locationなどのパラメータも、generate_leadイベントで再利用可能ということです。

ここでウェブサイトのページ遷移が次のようになっていると仮定します。

1. サービスページなどから、問い合わせフォームに遷移する
2. 問い合わせフォームのページパスにはサービス名が入る
   （/form/contact/new_service/）
3. 問い合わせ完了ページのページパスは全サービス共通
   （/form/contact/thanks.html）

つまり、3の問い合わせ完了ページから見て、前のページのURLを参照すれば、どのサービスへの問い合わせかがわかるとします。あるページの前のページのURLは、page_referrerのイベントパラメータに記録されるので、これを条件にイベントの切り出しをしてみます。

また、パラメータ設定では、イベントパラメータを新たに追加することも可能です。この設定内容は次のイベント変更機能でも同様です。あわせて確認しましょう。

○ イベント変更機能の利用方法

イベント変更機能は次のような場面で利用することが多いでしょう。

1. 既存イベントのイベントパラメータを編集したい
2. 既存イベントのイベント名を変更したい

1の場面は、例えばpage_viewイベントでコンテンツグループを追加したい場合や、問い合わせフォームごとにフォーム種別を追加したい場合などに利用可能です。

2の場面は、例えば既存のカスタムイベントに相当する推奨イベント名が後から発覚した場合などに利用できます。

いずれの利用シーンでも気をつけなければならないのは、イベントの変更機能は1プロパティ50件までの制限があることです。本書執筆時点のイベント変更機能では、パラメータの値を上書きする際に指定可能なのは固定の文字列、もしくは特定のイベントパラメータのみですので、GTMほどの柔軟な設定はできません。例えばコンテンツグループを固定の文字列で定義しようとした場合、コンテンツグループの種別が50個以上あるサイトでの利用は不適切です。このような制限が存在することを念頭に置いた上で、設計段階で実現したいことの可否を確認しましょう。

このような制限はありますが、従来であればGTMの編集を行う必要があった修正が、GA4の管理画面で完結できるようになり、カスタマイズに挑戦しやすくなったと言えるでしょう。

イベント変更機能利用の具体例

　多くのサイトで応用可能な例として、1の場面で挙げた、コンテンツグループを追加する方法について紹介します。コンテンツグループとは、ウェブサイトのページをある程度のまとまりとして捉えたい場合に利用するディメンションです。イベントパラメータ名はcontent_groupです。例としてeコマースサイトのページ分類を挙げます。

ページ分類
トップページ
特集ページ
商品検索結果ページ
商品カテゴリページ
商品詳細ページ
カートページ

　このような設定を行うことで、大まかにeコマースサイト内でのpage_viewイベント数を把握でき、サイト内の回遊がどのようなバランスになっているのか、把握しやすくなります。

　この設定を実現するには、page_viewイベントに対するイベントパラメータの追加を、イベント変更機能で設定します。

　例えば、商品カテゴリページのURLが下記のような場合の設定方法は、次の通りです。

https://shop.example.com/collections/all

＊全てのカテゴリページのページパスに/collections/が含まれるとする

設定後は「エンゲージメント」＞「ページとスクリーン」で、プライマリディメンショ
ンからコンテンツグループを選択すると確認できます。

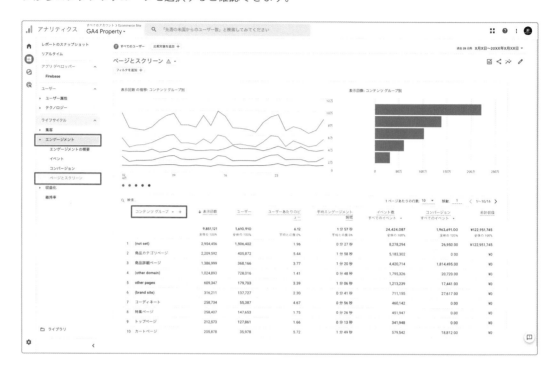

05
CRM施策を展開するウェブサイトの
イベント設定

　GA4の特徴の1つに、ユーザー単位のデータ分析軸があります。

　例えば、B2Bのウェブサイトで CRM（顧客関係管理）施策を実施しているとします。顧客向けにブログ記事を書いたり、セミナーを開催したり、メールマガジンを展開したり、様々な方法で顧客接点を設けているウェブサイトのユーザー行動を分析した結果、サービスページと会社概要を閲覧しているユーザーは問い合わせる確率が高いということがわかったとします。そのようなユーザーを広告のリマーケティング用オーディエンスとして登録すれば、問い合わせ確率が高いユーザーにアプローチすることが技術的に可能です。

　しかし、そういったユーザーが大量に存在するB2Bのウェブサイトはそこまで多くないので、多くのB2Bマーケターは、「何をすればそのような行動をしてくれるユーザーを獲得できるのか」という、より上部のファネルを意識している場合があります。ユーザーがそのような行動をしたとき、コンバージョンとして記録できれば、集客施策の評価を適切にできるかもしれません。これを実現するのが、本節で紹介する「オーディエンストリガーイベント」です。

● オーディエンストリガーイベントを設定する

　オーディエンストリガーイベントは、オーディエンス作成画面（「設定」>「オーディエンス」>「オーディエンス作成画面」）で設定します。オーディエンスを作成したら、メニュー右上に表示される「オーディエンス トリガー」の新規作成ボタンをクリックします。

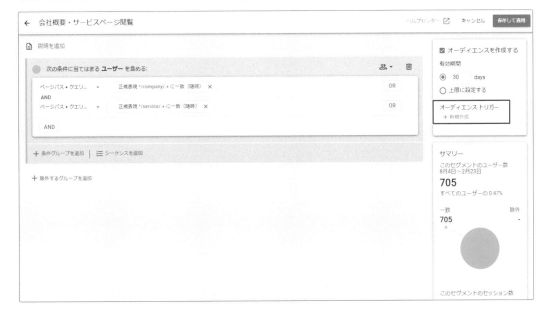

オーディエンストリガーの設定項目は2つです。

- イベント名：発生させるイベントの名前
- オーディエンスのメンバーシップ更新時のイベント追加チェックボックス：
  このチェックボックスにチェックを入れると、既に条件に合致してイベントを発生させているユーザーが、再度条件に合致する行動をした際も、追加でイベントを発生させるようになります。

オーディエンストリガーイベントを使いこなすには

また、オーディエンストリガーの設定では、イベントパラメータやユーザープロパティの編集ができません。仕様上は、オーディエンスの条件に合致したとき、最後に発生したイベントのイベントパラメータの中で、タイムスタンプ、セッション、画面/ページの情報が記録されるものの、その他のイベントパラメータ・ユーザープロパティは含まれません。よって、イベントをブレイクダウンして確認することが困難ですので、そのようなニーズを満たすには複数のオーディエンストリガーイベントを設定することになります。ただし、オーディエンストリガーは1プロパティあたり20個の上限があるため、設定は必要最小限にとどめるのがよいでしょう。

最後の注意点として、オーディエンス作成のためにオーディエンストリガーで作成したイベントを利用することはできません。よって、複雑な条件のオーディエンストリガーを正しく作成するためにも、オーディエンス作成機能を使いこなすことが必要でしょう。

オーディエンストリガーイベントでコンバージョンを定義する

オーディエンストリガーで作成したイベント名も、他のイベントと同様にコンバージョンとして登録できます。例に挙げた、問い合わせの手前の行動を発生させたユーザーの分析をする場合、ユーザー獲得レポートで「ユーザーの最初の参照元/メディア」とコンバージョンを掛け合わせれば、どのチャネルが自社に合ったユーザーの獲得につながるのか、可視化できます。

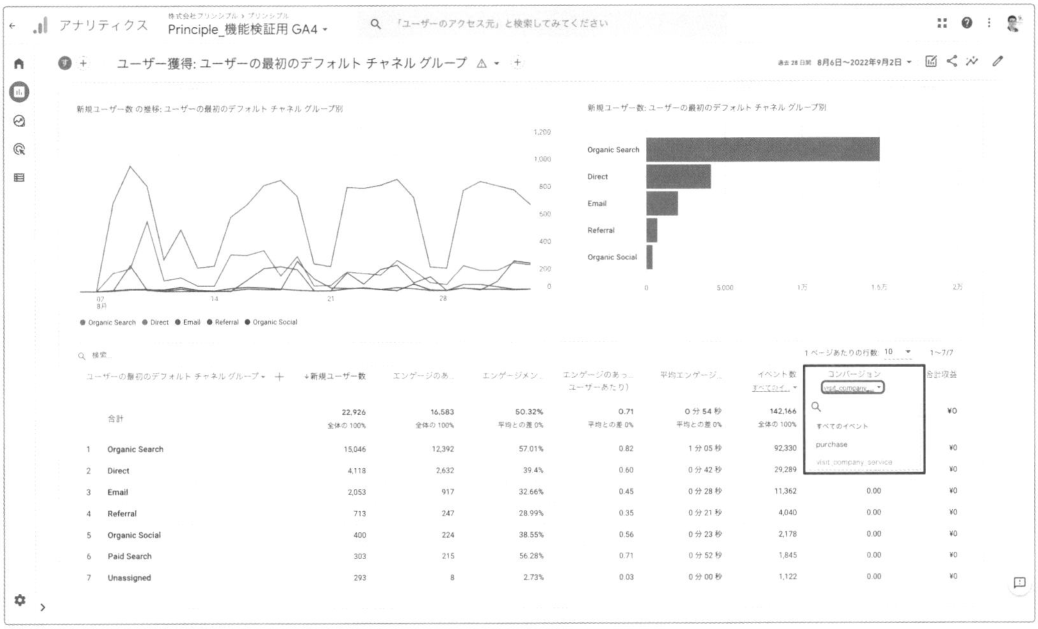
アナリティクス
Principle_機能検証用 GA4
「ユーザーのアクセス元」と検索してみてください
ユーザー獲得: ユーザーの最初のデフォルト チャネル グループ
8月6日～2022年9月2日
新規ユーザー数 の推移: ユーザーの最初のデフォルト チャネル グループ別
新規ユーザー数: ユーザーの最初のデフォルト チャネル グループ別
Organic Search
Direct
Email
Referral
Organic Social
1 ページあたりの行数 10
1～7/7
ユーザーの最初のデフォルト チャネル グループ
新規ユーザー数
イベント数
コンバージョン
合計収益
すべてのイベント
purchase
合計
Paid Search
Unassigned

1
2
3
4
5
6
7
8
9

06

独自のイベントを定義するサイトの設定

推奨イベントで計測できず、自動計測イベントや拡張計測イベントでも定義されていないイベント（便宜上、これを既定のイベントと呼びます）がある場合、カスタムイベントとしてイベントを計測します。カスタムイベントを実装するシナリオは大きく2種類に分けられます。

○ 既定のイベントからコンバージョンを定義するため

カートや決済機能を持たないウェブサイトで、自社製品の紹介ページからAmazonなどのモールサイトへリンクしていると仮定します。GA4がこのウェブサイト内で計測する代表的なユーザー行動は次の通りです。

- ●ページビューイベント（イベント名：page_view）
- ●90%スクロールイベント（イベント名：scroll）
- ●外部リンククリックイベント（イベント名：click）

この中で最も販売に近いアクションとしては、外部リンククリックイベントの中で、Amazonなどのモールサイトへの遷移リンクのクリック（イベント名：click）でしょう。

しかしイベント名：click そのものをコンバージョンとして登録してしまうと、Amazon以外の外部リンククリック（例：SNSへの投稿リンクなど）も含めてコンバージョンがカウントされてしまいます。よって、click以外のイベント名でこの計測を行う必要があります。

ここで、推奨イベント一覧を横目で確認しながら、このイベントの名前をどうするか考えてみましょう。定義が近そうな推奨イベント名は、select_itemもしくはview_itemですが、これらのイベント名を見ても「Amazonへのリンクをクリックした」ということがすぐにわかるイベント名にはなっていません。

そこで、click_amazon_linkという独自の名前であればどうでしょうか。関係者から見たとき、「Amazonへのリンククリックという重要なイベントだろう」と推測できるでしょう。

また、このイベントを実装する際、先の節で紹介したイベント作成機能を応用することで、容易に実装することが可能です。そして新たに定義したカスタムイベントをコンバージョンとしてマークすることも可能ですから、コンバージョンの設定をする方法として覚えておくとよいでしょう。

設定例：

　既定のイベントを利用する点では、page_viewイベントからsign_upイベント（推奨イベント）を定義する方法とよく似ています。その際のイベント名が独自のものなので、カスタムイベントと呼ばれる点だけが異なります。

⬤ 既定のイベントにない性質のイベントを定義するため

　例えば、店舗在庫が確認できるウェブサイトでは、どの店舗の在庫が確認されたのか、把握したいニーズが想定されます。本書執筆時点の推奨イベント一覧には「在庫を確認する」アクションに相当するイベントは見当たりません。このような場合も、独自のイベント名を定義するユースケースとなるでしょう。例えば、その場合のイベント名をcheck_store_inventoryのように定義することで、イベントを計測することが可能になります（実装例は次節で解説）。

⬤ カスタムイベントを増やす際の注意点

　このように柔軟性を高く、自由にイベントを設定できるカスタムイベントであるが故に、管理上の注意点もあります。

重複する計測がされていないか

　言わずもがなですが、同じ定義のイベントが異なるイベント名で計測されていると、無用な混乱を招くことがあります。また、既存のイベントの中で内訳が見たい場合、イベントパラメータを使えばイベントの追加が不要となる場合もあります。本当にイベントを増やす必要があるのか、現状のデータを確認してから実装するとよいでしょう。

イベント数の急激な増加がないか

　ウェブのデータストリームではイベント数に上限（アプリは500まで）はありませんが、追加でイベントを取得する場合、追加取得分がBigQuery出力時に追加の行数となります。GA4無償版では、1日にBigQueryに出力可能な行数は100万行までとなっていますから、既に多くのイベントを計測しているウェブサイトでは注意が必要です。

既存のイベントと追加するイベントが明確に区別できるか

　例えば、拡張計測イベントのclick（外部リンククリックイベント）があるプロパティで、click_buttonのようなイベント名が追加されたとき、果たしてこのイベントは外部リンククリックなのか、サイト内のボタンをクリックしただけなのか、判断がつきません。またこのイベントがGTMで実装されている場合、どこで発火するイベントなのかを探すのに多少時間がかかるでしょう。このような誤解や時間のロスになり得る曖昧なイベント名はなるべく避けましょう。

　上記を踏まえ、次の点に注意しながらの実装判断を推奨します。

1. イベントを追加する必要があるのか（コンバージョン登録の必要性など）確認する
2. イベントパラメータを追加したら実装が不要になるか、確認する
3. 実装する場合は適切なイベント名を検討する

独自のイベントを定義するサイトの設定

07　サイト内行動の属性情報の記録

　GA4のデータはイベント＋パラメータで構成されていますが、パラメータにもいくつか種類があります。本書執筆時点では次の3種類です。

- イベントパラメータ
- ユーザープロパティ
- 商品パラメータ

◯ イベントパラメータはディメンションとして利用されている

　イベントパラメータは、文字通りイベントを修飾するパラメータです。具体例をいくつか見てみましょう。

　例1：page_view イベントのイベントパラメータ
　　　・page_location：ページの URL
　　　・page_tilte：ページのタイトル
　例2：click イベント（外部リンククリック）のイベントパラメータ
　　　・link_domain：リンク先ドメイン
　　　・link_url：リンク先 URL

　つまり、あるイベントが発生したとき、そのイベントに付随する属性情報を記録する仕組みのことを「イベントパラメータ」と呼びます。

　パラメータの内容は常に「パラメータ名：パラメータ値」で対応しており、自動収集イベント・拡張計測イベント・推奨イベントの多くのパラメータ名は GA4 の管理画面上で「ディメンション」として利用可能になっています。

　「レポート」＞「エンゲージメント」＞「ページとスクリーン」で表示できるディメンション「ページ タイトルとスクリーン クラス」で表示されるページタイトルには、page_view イベントのイベントパラメータである page_title で収集されたデータが表示されています。

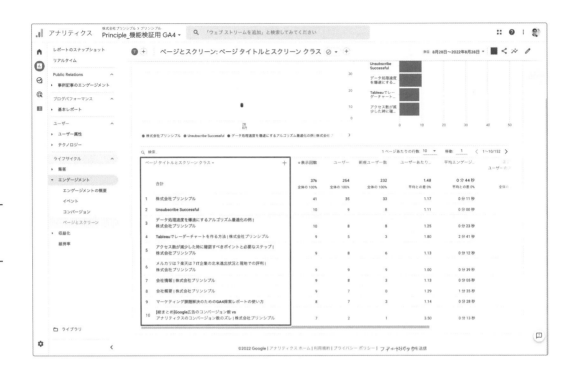

カスタムパラメータの利用方法

　イベントパラメータはウェブサイトごとに自由にカスタマイズすることが可能です。例えば、前節で触れた、ウェブサイトで店舗の在庫を確認した際に計測するカスタムイベント、check_store_inventory を例に考えてみましょう。

　このウェブサイトを運営するビジネスでは、複数の店舗が存在するとします。この場合、check_store_inventory イベントが合計何回発生したかに加えて、どの店舗の在庫が見られたのか、またそのとき在庫が存在したのか、把握したいニーズがあるでしょう。そこで、新たなイベントパラメータを追加してこれを記録することを考えます。

追加するカスタムイベントパラメータ
・store_name：値として店舗の名前を記録する
・inventory：値として在庫の有無を記録する

　在庫確認イベント発生時に、下記のような dataLayer が出力されると仮定すると、GTM での実装は次のようになります。

```
window.dataLayer.push({
    event: 'check_store_inventory',
    store_name: '新宿店',
    inventory: 'true'
});
```

変数設定

トリガー設定

257

タグ設定：イベントパラメータ
- store_name: {{dataLayer.store_name}}
- inventory: {{dataLayer.inventory}}

　イベントタグで送信されたカスタムイベントパラメータは、そのままではレポート上に表示できないため、GA4管理画面でカスタムディメンションの設定を行います（「設定」>「カスタム定義」>「カスタム ディメンションタブ」>「カスタム ディメンションを作成」）。

カスタムディメンションの設定
- ディメンション名：レポートに表示したいディメンション名を設定（フリーテキスト）
- 範囲：カスタムディメンションのスコープ（イベントパラメータの場合「イベント」）
- 説明：カスタムディメンションの説明文（フリーテキスト）
- イベント パラメータ：カスタムディメンションに格納したい値を記録している、イベントパラメータ名を指定（プルダウンにない値もフリーテキストで入力可能）

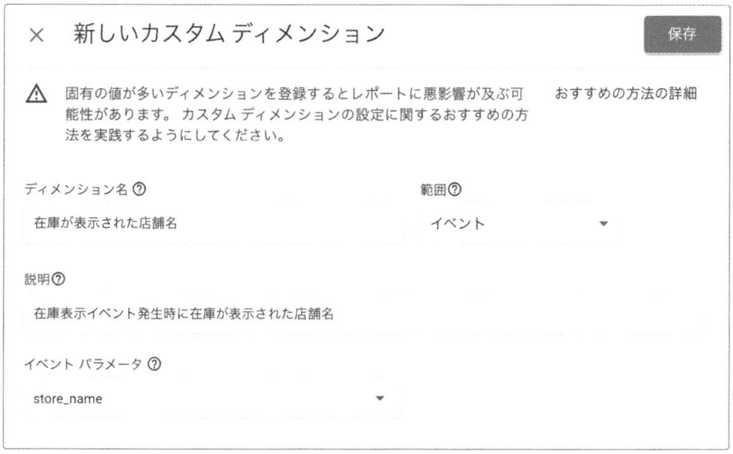

ユーザー単位で属性情報を付与する

　カスタムディメンションの範囲設定には「ユーザー」があり、ユーザー単位の属性情報を記録する場合に利用します。ただし、イベントパラメータに設定したものをそのままユーザーの範囲で利用することはできないため、タグでの実装も変更する必要があります。このユーザー範囲で利用できるパラメータがユーザープロパティです。

　再び店舗在庫の確認イベントを例に、ユーザープロパティの実装を見てみましょう。

　店舗在庫を確認したユーザーは、行動範囲内に店舗があるユーザーの可能性があります。即ち、店舗での集客施策に興味を持つ可能性があるので、そのようなユーザー属性を付与するために、ユーザープロパティを設定してみましょう。

タグ設定：ユーザープロパティ

・inventory_checked: true

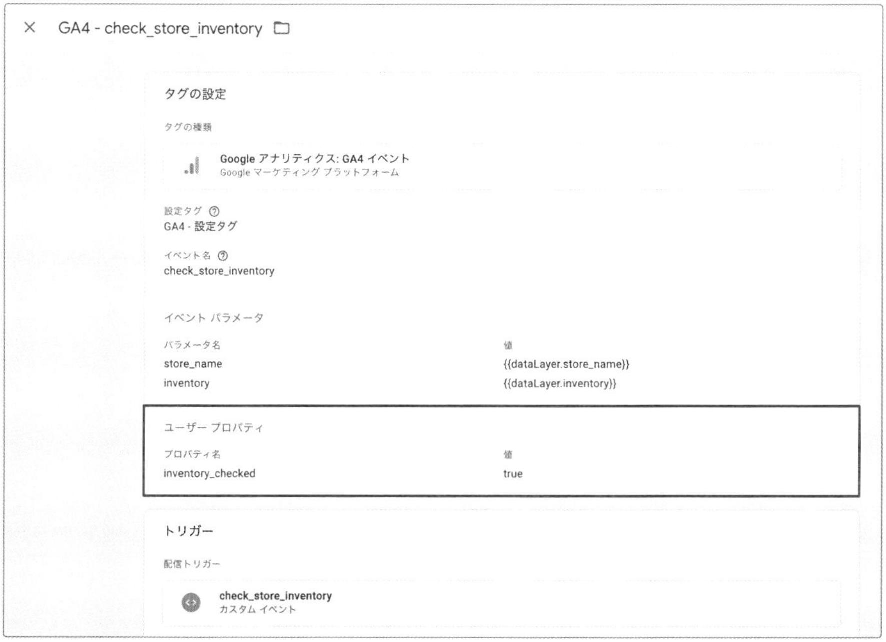

カスタムディメンションの設定

・ディメンション名：レポートに表示したいディメンション名を設定（フリーテキスト）

・範囲：カスタムディメンションのスコープ。ユーザープロパティの場合「ユーザー」

・説明：カスタムディメンションの説明文（フリーテキスト）

・ユーザー プロパティ：カスタムディメンションに格納したい値を記録している、ユーザープロパティ名を指定（プルダウンにない値もフリーテキストで入力可能）

カスタムディメンションの利用方法

　カスタムディメンションの特徴として、カスタムディメンションの設定を行った後のデータが表示される点があるので、イベントパラメータないしユーザープロパティを実装したら、レポート上で閲覧したいものは忘れずに登録しておきましょう。

　なお、探索レポートのユーザーエクスプローラでは、デフォルトで表示されるディメンションがデバイス情報に限られています。つまり、イベント名がpage_viewであることがわかっても、デフォルトではどのページが閲覧されたのかがわからないことになります。

　ユーザーエクスプローラで細かいデータを確認したい場合、カスタムディメンションに閲覧したいイベントパラメータ・ユーザープロパティを設定しておきましょう。

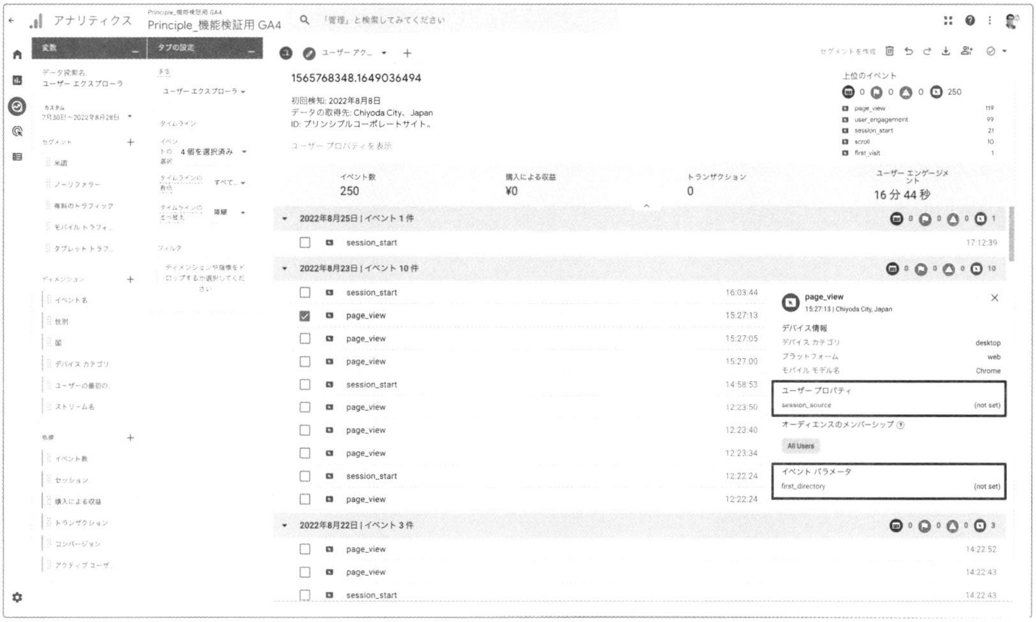
アナリティクス
Principle_機能検証用 GA4
「管理」と検索してみてください
変数
タブの設定
1565768348.1649036494
初回検知: 2022年8月8日
データの取得先: Chiyoda City、Japan
ID: プリンシプルコーポレートサイト。
上位のイベント
イベント数
250
購入による収益
¥0
トランザクション
0
16 分 44 秒
2022年8月25日 | イベント 1 件
session_start
2022年8月23日 | イベント 10 件
session_start
page_view
page_view
page_view
session_start
page_view
page_view
page_view
session_start
page_view
page_view
15:27:13 | Chiyoda City, Japan
デバイス情報
desktop
web
Chrome
ユーザー プロパティ
(not set)
オーディエンスのメンバーシップ
All Users
イベント パラメータ
first_directory
(not set)
2022年8月22日 | イベント 3 件
page_view
page_view
session_start

1
2
3
4
5
6
7
8
9

08 eコマースサイトの実装

　GA4では推奨イベントの一部として、eコマース関連のイベントが定義されています。

　推奨イベントのメリットとしては、実装を一から自分で考える必要がない、ということがあります。

　例えば、eコマースサイトを分析した経験のない人からすると、どのような分析フレームワークがあるのか、学習することから始めないと実装できないとしたら、世の中に数百万単位で存在するeコマースサイトの分析には途方もない労力がかかってしまいます。

　GA4ではあらかじめeコマースサイトの分析に必要なイベントと、それぞれのイベントに必要なパラメータが定義されていますから、実装する人は推奨イベントを利用することで、知らず知らずのうちにeコマースサイトの分析ができる状況を作れます。

　具体的にeコマースの推奨イベントを実装するとどのような分析ができるようになるのか、端的に解説するため「サイト内ファネル」と「商品軸」という観点でeコマースサイトを考えてみます。

◯ サイト内ファネルを描く観点のeコマースイベント

　eコマースサイトには一般的に、下記のセッション分類が存在します。

1. （ページを問わず）サイトにアクセスした
2. 商品詳細ページにアクセスした
3. 商品をカートに追加した
4. 決済まで進んだ
5. 購入完了した

　1（サイトにアクセスした）に近いほどセッション数は多く、5（購入完了した）に近いほどセッション数は少なくなります。GA4では、これらの段階を明示的にイベントで送信することで、どのステップまでコンバージョン（購入完了）に近づいたのか、記録できるように推奨イベント名が設定されています。上記の番号別に書くと、それぞれ下記のイベントがステップを表します。

1. session_start（自動イベント）
2. view_item
3. add_to_cart
4. begin_checkout
5. purchase

　上記以外のイベント（add_payment_methodやadd_to_wishlist）もありますが、残りのイベントはそれぞれ、次の目的で推奨イベントになっています。

- ステップの間に位置するイベント

　例：begin_checkout と purchase の間に add_payment_method が位置する。

　※ begin_checkout ＞ add_payment_method ＞ purchase の関係となる。

- ステップ到達を増加させるきっかけとなるイベント

　例：add_to_wishlist イベントの発生はユーザーの興味関心の高まりを示しており、
　　　将来的にお気に入りリストから購入に結びつく可能性がある。

　※ view_item ＞ add_to_wishlist の関係は成り立つが、必ずしも全てのユーザーが
　　　商品をお気に入りに追加しないので、add_to_wishlist ＞ add_to_cart の関係は
　　　成り立たないことがある。

　前者はファネルの可視化に利用可能なイベントとなり、後者は予測指標に寄与するイベントと考えられます。サイト内ファネルが描けると、購入に至る可能性のあるユーザーがどの程度いるのかが把握できるようになります。これにより、ウェブサイト内のどこを改善すれば購入を増やせるのか、課題を発見できるようになります。

商品軸を分析する観点で見たeコマースイベント

　ECサイトでは商品別に分析するニーズもあります。利益率の高い商品がどの程度閲覧されているのか、在庫をどの程度持っておくのが適切なのかなど、商品管理の観点でも知りたいことがあるでしょう。

　eコマース購入数レポートでは「商品の購入数量」「アイテムの収益」の他にも、「アイテムの表示回数」「カートに追加」など、購入よりも手前で発生する指標も表示されます。先の節では、ユーザーがサイト内ファネルのどこにいるのかを把握する上で、eコマースイベントが必要、と説明しましたが、これは商品別に見る場合にも当てはまります。

　例えば、eコマース購入数レポートには、「表示後購入された商品の割合」という指標があります。これはある商品が表示された（view_item イベントの発生）回数でその商品の購入（purchase イベント発生）回数を除した割合で、端的に言うと「ある商品が何回閲覧されると売れるか」という割合です。

　誤解を恐れず言えば、ある商品の「表示後購入された商品の割合」が0.5％だったとすると、その商品が200回閲覧されれば1回売れるわけですから、1日に400回閲覧される商品ならば1日に持っておくべき在庫数は最低2つ必要になる、と言えます。

　このように、商品軸とサイト内ファネルを掛け合わせると、分析の幅を広げることが可能になりますから、eコマースイベントを実装する場合、商品情報の記録も検討できるとよいでしょう。

商品属性情報の記録

　eコマースイベントでは、商品属性を記録するイベントパラメータ「items」を実装することで、売れた商品（purchase イベントと同時に送信された商品情報）やその収益を確認できます（「Life cycle」＞「収益化」＞「eコマース購入数」）。

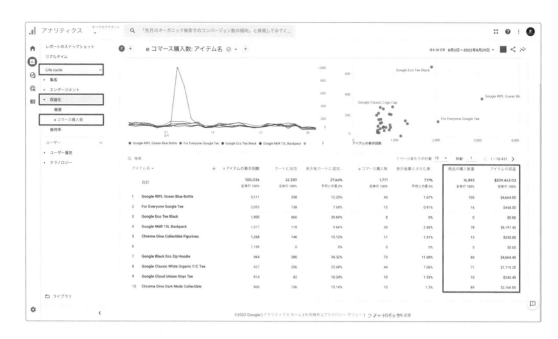

商品パラメータの記録には、多少JavaScriptの知識が必要になります。例えば、一言で「商品の情報」といっても様々なものがあります。商品名やID、価格、カテゴリなど、1つの商品を表すにしても様々な属性が存在します。よって、商品パラメータに渡す商品の情報は、JavaScriptのオブジェクト形式で用意する必要があります。また、一度に複数の商品が購入される場合があるため、これらを配列形式で設定する必要があり、具体的には下記のような記述で商品パラメータを設定します。

```
items: [
    {
        item_id: "SKU_12345",
        item_name: "Stan and Friends Tee",
        item_brand: "Google",
        item_category: "Apparel",
        price: 9.99,
        quantity: 1
    },
    {
        item_id: "SKU_12346",
        item_name: "Google Grey Women's Tee",
        item_brand: "Google",
        item_category: "Apparel",
        price: 20.99,
        quantity: 1
    }
]
```

MEMO

商品スコープのカスタムディメンションを実装する場合、itemsの各商品に対して追加のパラメータを設定します。

MEMO

本書執筆時点では、これを実装することにより利用可能になる機能が限定されていますが、今後レポートが増えることに期待してよいでしょう。

MEMO

商品情報として設定する値はECサイトのデータベースと連動させる必要があるので、具体的な実装方法についてはサイトの開発組織とのすり合わせが必要になります。

⬤ eコマースイベントの実装で可能になる予測オーディエンスの作成

GA4の目玉機能の1つとして、予測オーディエンスがあります。GA4では下記の予測オーディエンスが利用可能です。

1. 7日以内に購入する可能性が高い既存顧客
2. 7日以内に初回の購入を行う可能性が高いユーザー
3. 28日以内に利用額上位になると予測されるユーザー
4. 7日以内に離脱する可能性が高い既存顧客
5. 7日以内に離脱する可能性が高いユーザー

これらの予測オーディエンスの利用には、予測指標が利用可能なことが条件となっています。具体的には、次の3つの条件を満たすことで予測指標・予測オーディエンスが利用可能になります。

a. 過去28日の間の7日間で、対象の予測条件（購入または離脱）をトリガーしたリピーターが1,000人以上、トリガーしていないリピーターが1,000人以上いること。
b. モデルの品質が一定期間維持されていること。
c. purchaseもしくはin_app_purchaseイベントが収集され、valueとcurrencyのパラメータが実装されていること。

ただし、この条件を満たしていても予測オーディエンスが使えるようにならないことがあります。公式ヘルプにも記載がありますが、次のような設定をすることで予測オーディエンスが利用可能になる可能性が高まります。

- アカウントのデータ共有設定で「モデリングのためのデータ提供とビジネス分析情報」を有効化する
- 推奨イベントをなるべく広範囲に、かつ過不足なく実装する

つまり、Googleにデータを提供すればするほど、この予測オーディエンスが利用できる確率が高まります。実際、いくつかのプロパティで推奨イベントを実装した結果、それまで数カ月条件を満たしていながら利用できなかった予測オーディエンスが、2週間と経たないうちに利用可能になった事例もあります。

また弊社事例では、商品パラメータを送信しなくても一部の予測オーディエンスが利用できたプロパティもあります。多くのパラメータを学習させるほうが、予測オーディエンスが利用できる可能性が高くなるかもしれませんが、purchaseイベントを実装している必要がある、という条件はその文字通り受け取っても問題ないと考えられます。

よって、商品データなど細かいデータマネジメントが難しい場合でも、イベントだけは実装しておくとよいでしょう。

09 会員システムを持つサイトの実装

　GA4の目玉機能とも言えるものの1つが、デバイスやプラットフォームを横断するユーザージャーニーを一元管理する、ユーザー識別子の統合です。

　中でも最もパワフルな識別子がユーザーIDです。ユーザーIDとは、会員番号に等しい識別子を意味しますので、会員システムを持つサイトでのみ使用できます。

　デバイスIDやGoogleシグナルも重要な識別子ではあるものの、ユーザーの個人情報と紐付けができる意味で、最も使い勝手のよい識別子はユーザーIDと考えられます。

　このように有用性が非常に高いユーザーIDですが、逆に難点として会員システムを持っているウェブサイトでのみ利用が可能という点と、カスタマイズが必要な点が挙げられます。

ユーザーID実装時は個人情報の取り扱いに注意

　先の説明通り、ユーザーIDは非常に有用な識別子であるのと同時に、取り扱いには十分な注意が必要です。主として以下3点に気をつけましょう。

1. プライバシーポリシーに、個人情報と計測目的（GAならばGA、広告ならば広告）について記載しておくこと
2. オプトアウト時の手段を提供すること
3 ユーザーIDそのものが個人情報ではなく、一般的に個人情報と紐づかないこと

　プライバシーポリシーについては電子商取引法や個人情報保護法など、法令遵守を確認する必要があるので、なるべく専門家に確認してもらうのがよいでしょう。

　オプトアウト手段はプライバシーポリシーと整合している必要があるので、情報の削除や収集の停止など、プライバシーポリシーに則った仕組みを設計しましょう。

ユーザーIDに使える識別子の条件

　3点目の「個人情報と紐づかない」という点について、具体例で補足します。

　ユーザーIDは、会員個人を一意に識別できる文字列である必要があります。つまり、Aさんの会員番号が「ABCD1234」だったとしたら、パソコンからログインしてもスマートフォンからログインしても、同じ会員番号「ABCD1234」がGA4に連携される必要があります。この文字列には256文字までという以外の制限はなく、重要なのはプラットフォームが異なっても同じ文字列が出力されることです。

　ただ、メールアドレスや電話番号など、識別子そのものが個人情報と考えられるようなものはGA4の規約上使えません。例えば自社のシステムだけで使っている会員番号であれば、会員番号そのものは個人情報ではありませんし、万が一漏れたとしても、自社の会

員データベースにアクセスできなければ個人情報には紐づきませんから、ユーザーIDとして的確と考えられます。

　これの対比として、ユーザーIDにマイナンバーを利用するのは不適格である、という話を例示します。マイナンバーそのものがわかっても、その会員の性別や年齢がわかるわけではありませんし、役所に問い合わせても本人の同意なしに個人情報を教えてはくれないでしょうから、一見問題ないようにも思えます。

　しかしマイナンバーをキーにして個人を特定できる会社もあるはずです。例えば法的根拠に基づいてマイナンバーを取得する会社もあるでしょうし、そのような会社は同時に個人情報も取得しているでしょう。

　法令遵守の観点から、そのような会社がマイナンバーを利用することは考えにくいですが、万が一ハッキングされる可能性などもあります。この観点で、その識別子を利用して個人と紐づけられる文字列は、ユーザーIDとして問題があるでしょう。

　より安全性を高める観点では、会員番号を暗号化した状態でGA4に記録することも有効です。手間はかかりますが、外部に露出する識別子ですから、万が一の可能性も視野に入れるのがよいでしょう。

dataLayer を用いた実装例

　dataLayerで実装する場合、CMSではGTMのコンテナスニペットに対して、ユーザーIDの出力タイミングが先になるように制御すると実装しやすいでしょう。

dataLayer実装例

```
<script>
window.dataLayer = window.dataLayer || [];
window.dataLayer.push({
    user_id: 'ABCD1234'
}):
</script>

<!-- Google Tag Manager -->
<script>(function(w,d,s,l,i){w[l]=w[l]||[];w[l].push({'gtm.start':
new Date().getTime(),event:'gtm.js'});var f=d.getElementsByTagName(s)[0],
j=d.createElement(s),dl=l!='dataLayer'?'&l='+l:'';j.async=true;j.src=
'https://www.googletagmanager.com/gtm.js?id='+i+dl;f.parentNode.insertBefore(j,f);
})(window,document,'script','dataLayer','GTM-XXXXXX');</script>
<!-- End Google Tag Manager -->
```

267

GTMでの設定例

① dataLayer変数でユーザーIDを取得する

② GA4設定タグにユーザーIDを設定する

INDEX

執筆者プロフィール

木田 和廣
(取締役副社長・チーフエバンジェリスト)

早稲田大学政治経済学部卒業。株式会社プリンシプル取締役副社長。2004年にWeb解析業界でのキャリアをスタートする。2009年からGoogleアナリティクスに基づくWebコンサルティングに従事。アナリティクスアソシエーション(a2i)や個別企業でのセミナー登壇、トレーニング講師実績も多数。Googleアナリティクス認定資格、統計検定2級、G検定保有。

山田 良太
(チーフテクノロジーマネージャー)

2010年大阪府立大学・理学部卒業。大学卒業後は、プログラマーやシステムエンジニアとして業務システムの構築経験を経て、2014年からデジタルマーケティングに関わるようになる。
以降、エンジニア経験を活かしてデジタルマーケティングにおけるテクノロジー領域の推進に取り組んでおり、同領域を得意領域とする。

似田貝 亮介
(シニアデータ解析エンジニア)

千葉大学工学部機械工学科卒業。2013年からWeb解析業務に従事。2016年に株式会社プリンシプル入社、2023年からプリンシプルアメリカに転籍。Googleタグマネージャによるデータ基盤構築を中心に、延べ200件以上のコンサルティング実績。データフィード広告やコンバージョンAPI利用など、広告へのデータ活用にも対応。

村松 沙和子
(ソリューションディビジョン解析チームマネージャー)

早稲田大学第一文学部卒業。2014年より株式会社プリンシプルで解析コンサルティング業務に従事。これまでにBtoB、BtoC合わせて100社以上のデジタルマーケティングの解析プロジェクトを経験。Googleアナリティクスを中心としたマーケティングデータの定量分析に加え、ユーザーテストなどの定性調査を組み合わせて現状課題を分析、顧客のマーケティング改善提案、施策実行の伴走を行う。

株式会社プリンシプル
https://www.principle-c.com/

2011年10月設立。「コンサルティング」「データ解析テクノロジー」「マーケティング」すべてを兼ね備え、デジタルマーケティングDX戦略の立案から実行までを一貫して提供するマーケティングDXパートナー。2013年11月「Googleアナリティクス認定パートナー（Google Analytics Certified Partner）」を取得。
Googleアナリティクス4の支援実績としては、GA4トレーニングの受講者1,000名を突破、その他のGA4活用支援提供社数90社以上と実績多数（※提供実績は2023年4月時点）。

ブックデザイン	宮嶋章文
レイアウト	BUCH⁺
編集	関根康浩

<ruby>Google<rt>グーグル</rt></ruby> アナリティクス4
やるべきことがわかる本
フルファネル戦略時代の新常識
～これからの解析・改善のすべて

2023 年 6 月 15 日 初版第 1 刷発行
2024 年 6 月　5 日 初版第 2 刷発行

著　　　者	株式会社 プリンシプル
発 行 人	佐々木 幹夫
発 行 所	株式会社 翔泳社 （https://www.shoeisha.co.jp）
印刷・製本	株式会社 シナノ

ISBN 978-4-7981-7501-0
Printed in Japan